自己笑自己挠痒

墨晔 ◎ 著

哈尔滨出版社
HARBIN PUBLISHING HOUSE

图书在版编目（CIP）数据

自己挠痒自己笑/墨晔著. — 哈尔滨：哈尔滨出版社，2017.10
ISBN 978-7-5484-3482-5

Ⅰ.①自… Ⅱ.①墨… Ⅲ.①人生哲学－通俗读物 Ⅳ.①B821-49

中国版本图书馆CIP数据核字（2017）第145098号

书　　名：	自己挠痒自己笑
作　　者：	墨　晔 著
责任编辑：	杨　磊　滕　达
责任审校：	李　战
封面设计：	吉冈雄太郎

出版发行：哈尔滨出版社（Harbin Publishing House）
社　　址：哈尔滨市松北区世坤路738号9号楼　　邮编：150028
经　　销：全国新华书店
印　　刷：北京嘉业印刷厂
网　　址：www.hrbcbs.com　　www.mifengniao.com
E－mail：hrbcbs@yeah.net
编辑版权热线：（0451）87900271　87900272
销售热线：（0451）87900202　87900203
邮购热线：4006900345　（0451）87900345　87900256

开　　本：710mm×1000mm　1/16　印张：15.5　字数：210千字
版　　次：2017年10月第1版
印　　次：2017年10月第1次印刷
书　　号：ISBN 978-7-5484-3482-5
定　　价：39.80元

凡购本社图书发现印装错误，请与本社印制部联系调换。服务热线：（0451）87900278

第一章　悦纳自己

002	第一节	认识自己的不完美
005	第二节	接纳自己的不完美
008	第三节	发现隐藏的自己
015	第四节	幸福自找，烦恼自讨
020	第五节	勇敢改变，接受考验

第二章　乐观处世

026	第一节	积极心态，幸福自来
034	第二节	学会乐观，才能心宽
039	第三节	正面思维，绝不气馁
046	第四节	心态平和，固守快乐
050	第五节	远离烦恼，庸人自扰

第三章　低调做人

060	第一节	冲动是魔鬼
065	第二节	姿态要低，脸皮要厚
069	第三节	退一步海阔天空
073	第四节	适可而止，知足常乐
075	第五节	骄兵必败，忍者无敌
083	第六节	雄辩是银，沉默是金

第四章　宽容别人

088	第一节	学会宽容，海纳百川
093	第二节	释放仇恨，爱是慈悲
097	第三节	平衡内心，知足常乐
102	第四节	莫要较真儿，难得糊涂
107	第五节	以和为贵，包容万岁
110	第六节	随遇而安，自得其乐
115	第七节	学会感恩，与爱同行

第五章　改变自己

122	第一节	你有什么可怕的呢？
129	第二节	战胜自己，克服障碍
133	第三节	等待环境改变，不如改变自己
137	第四节	克服完美主义
148	第五节	丢掉虚荣，轻松过活
151	第六节	先有自信，才有未来
160	第七节	马上行动，不再拖延

第六章　逆境生存

168	第一节	人生无须完美，微笑面对失败
171	第二节	走出恐惧的牢笼
177	第三节	别让焦虑毁了你
184	第四节	抑郁是生命的毒药
193	第五节	别让"习得性无助"吞噬了自己
198	第六节	把逆境当作成功的垫脚石

第七章　学会幸福

206	第一节	感受幸福，是一门艺术
211	第二节	热情是幸福的动力
215	第三节	淡泊名利，宁静致远
222	第四节	简单即幸福
226	第五节	助人即自助
231	第六节	培养受益一生的好习惯

―――― 第一章

悦纳自己

―――――――――――

　　你究竟愿意做一个好人，还是愿意做一个完整的人？

第一节 认识自己的不完美

当听到与自己同龄的人在电视节目中绘声绘色地辩论时,或者看到他们表演某个节目时,你是否责备自己没有一颗智慧的头脑呢?当你看到很多电影明星、歌星、文艺名人多彩的风姿,是否发觉自己长得太过平庸?当身边的人业绩扶摇直上,获得丰厚报酬时,你是否觉得自己缺少了什么?……

"认识你自己!"——这是铭刻在古希腊圣城特尔斐阿波罗神殿上的著名箴言,希腊和后来的哲学家喜欢引用此句来规劝世人。看似简单,实难做到。

首先,人要有自知之明。

曾有人问泰勒斯,什么是最困难的事,他回答:"认识你自己。"那个人接着问:"什么是最容易的事?"回答是:"给别人提建议。"这位最早的哲人显然是在讽刺世人,世上有自知之明的人少之又少,好为人师者却比比皆是。

其次,每个人都是世界上独一无二的个体。

独一无二,意味着每个人都有自己独特的禀赋和价值。认识自己,实现自我的价值,真正成为自己。

在一定意义上,可以把"认识你自己"理解为认识你的最内在的自己,那个之所以使你成为你的核心和根源。认识了这个东西,你就知道怎样的生活才合乎你的本性,你应该要什么、可以要什么。

事实上,我们平时做事和与人相处,那个最内在的自己始终是有所表态的,只是往往不被我们留意罢了。其实,让我们留意,做什么事,与什么人相处，我们发自内心感到喜悦，或者感到厌恶，便是最内在的自己在表态。因此，知道自己最深刻的好恶就是认识自己，而一个人在这世界上倘若有了自己真正钟爱的人和事，就可以算是实现自己了。

那么，如何认识自己呢？

1. 通过自我观察认识自己。

我们对自己各种身心状态和人际关系等的认识，即生理自我、心理自我、社会自我，如自己的身高、外貌、体态、性格，自己与他人的关系等方面的认识。在自我认识过程中，伴随着情感体验，如由身高、外貌等引发的自豪、自信、自卑等情绪，以及在自我认识、自我情感体验的过程中，我们是否有目的性地、自觉地调节和控制我们的行为和想法。我们要善于剖析自己，深刻认识自己，更好地认识外在的自我形象和心灵内在的自己。

2. 通过他人评价认识自己。

我们都知道"旁观者清"和"以人为镜，可以明得失"，在认识自己的过程中，我们要主动从他人那里了解自己，要虚心听取他人的评价，同时还要客观、冷静地分析他人的评价，以便从多角度来认识自己。

3. 通过社会比较认识自己。

自我观察和他人的评价难免会有各自情感的主观投射，因此，我们可以通过合理的社会比较，更好地认识自己。我们将自己的现在与过去、与未来进行纵向比较，与同龄人或者与和自己有相似条件的人进行横向比较，通过更全面的纵横比较来正确认识自己。

4. 通过社会实践认识自己。

我们可以通过参加各种活动，根据各种活动的过程与结果来认识自己。通过与他人的合作情况分析自己的人际沟通能力，通过组织和开展活动来分析自己的组织管理能力，通过读书发现自己对知识的掌握程度，及时查漏补缺等。通过具体的活动，分析自己的表现及成果，有助于我们更加客观地认识自己。

5. 通过反思总结认识自己。

不难发现,在以上四个步骤中,我们都是在发现和认识自己,很多人也的确是那么做的,但还是不太清楚自己是个什么样的人,所以我们还需要经常反思和总结自己。多写日记来记录自己,及时归纳,善于总结自己的优点与不足,更好地把握生理自我、心理自我和社会自我。

哲人说:"每个人都是最优秀的,要擦亮眼睛去认识自己,欣赏自己,发现和重用自己。"

第二节　接纳自己的不完美

荣格曾问:"你究竟愿意做一个好人,还是愿意做一个完整的人?"

忽然让我想起我们日常生活中的必备聊天工具之一——微信。有很多觉得自己长得还可以的美女出来秀相片,但多数是美化过的,素颜的并不多,这是在有意识地遮盖自己的不足,给人出示自己美好的一面,这样做显然是好的。

《三国演义》中的张飞,生性粗鲁,这个缺点会迷惑敌人,让敌人中计,这个粗鲁还会让我们感觉这个人很可爱。再如《三国演义》里的周瑜,他被描写得很小心眼儿,好嫉妒人,这是他的缺点,但是这个缺点正能表现出他为东吴着想的一面。后来的事实证明,刘备有了诸葛亮,是很可怕的。再说春秋时的重耳,人说他的肋骨是连着的,和寻常人不一样,在他看来并不是什么优点,什么异象,要不然他不会害怕被别人看到。但从神话色彩看,这个连着的肋骨就有点像汉高祖刘邦脚掌上长着的痣,充满了帝王之气。这只是从表象方面看,但从做事方面看,这些英雄也难说是很完美的。像唐太宗李世民,他杀死兄弟是个污点,但是他为国操劳,开创了"贞观之治"。传说清雍正皇帝的帝位来得也是不明不白,但人家勤政,他做皇帝以来批阅的奏折可能在众多皇帝里算是最多的一位,他的时代是康乾盛世不可缺少的一环。

我们难做完整的人。月有阴晴圆缺,人有生死祸福。凡事都有正反面,人也一样，人无完人，每个人都是不完美的，每个人身上都有自己不愿意触碰的一面——阴暗面。这样的阴暗面亲朋好友不愿意接受，连我们自己也无法面对。于是，我们不惜代价、竭力伪装成人人喜欢的好人，活得很累。

小时候，小林对自己不太满意。他没有什么朋友，总认为自己是世界上最无能、最孤僻的人。有些时候，他真的非常讨厌自己。

长大以后，他的情况也没有发生什么变化。他搬过家。他以为换个地方就可以彻底抛开自己的过去，他以为那里没有人认识他，他以为这样他所有的缺点就不会被人发现。结果，他发现他错了。他还是原来的那个他。升学了，班里的同学来自各地，他都不认识，他以为在这种环境下他的情况就能有所改变，没想到还是老样子。

有一天，他有幸听到了一场关于心灵成长的主题演讲，主讲者的一段话让他难以忘怀。她说：你那些所谓的"缺点"，你身上那些自己都不喜欢的特质，其实是你最宝贵的财富，只不过表达的程度过于强烈罢了。这就好比放轻音乐，如果音量开得太大，就会让人感觉到有些不适应。只要你能把这种特质的"音量"调回去，你自己以及你周围的所有人就会意识到，你的"缺点"其实正是你的优点。它们可以为你所用，而不是成为你的绊脚石。你唯一需要做的，就是去适应自己的特质，以合适的方式，将这些特质表现到适当的程度。

他意识到，他那些他认为的所谓的"缺点"，其实也是别人经常夸奖他的优点。比如孤僻，他不太好张扬，人们就觉得他很实在；他心思多，人们就觉得他考虑事情会比较周全。怪不得他总没办法彻底把它们改掉！当他能够正视自己内心的阴暗面，正视自己所有的"缺点"时，也就意识到了这些"缺点"的积极意义。他只需引导自己的行为，不去刻意压抑自己，也不去刻意否定自己，这样就可以把"缺点"转化为优点。

现在他知道，承认和接纳不完美的自己，就拥有了完整的人生，无论少了哪方面,都称不上是完整。了解这一切,是一件非常重要的事情。最终,他学会了接纳自己,承认自己,做自己的朋友。然而,这一过程是多么漫长而痛苦!

  事实上,我们每个缺点的背后都隐藏着一个优点,每个阴暗面也都对应着一个美好的生命礼物。一个人邋遢,不修边幅,说明他的内心是自由的;一个人胆小如鼠,那他就兴许能躲过飞来横祸;一个人好出风头,也不是坏事,这只是自信过度的表现,起码是自信的;心直口快是很容易得罪人的,但是直言在有些场合是解决问题的最好方式……阴暗面也是生命的一部分,只有真心拥抱它,我们才能活出完整的生命。

第三节　发现隐藏的自己

你了解你自己吗？你知道自己内心最深处的那一面吗？很多人可能并不知道自己内心最深处的那一面是什么样子，下面教大家认识一下，看看自己内心最深处的东西是什么吧。

每个人都有两面，当独处或者与最亲密的人共处的时候，才会把内心最深处的那一面表露出来，甚至平时自己很难发现。一起来做下面这个小测试，了解你内心最深处的一面。

1. 假如你受了委屈，你会怎么做呢？

立刻反驳→第 2 题

低声哭泣→第 3 题

闷在心里→第 4 题

2. 有很多人都说你是一个很较真儿的人吗？

是的→第 4 题

不是→第 3 题

3. 你是一个"及时行乐"的人吗？

是的→第 5 题

不是→第 4 题

4. 看到有一对情侣在吵架，你觉得女生接下来会做什么呢？

女生打了男生一巴掌→第 7 题

女生掩面哭泣跑走→第 5 题

女生原谅了男生→第 6 题

5. 你是一个无法守住秘密的人吗？

是的→第 7 题

不是→第 6 题

6. 你把金钱看得很重吗？

是的→第 9 题

不是→第 8 题

7. 你最想与什么人谈一场轰轰烈烈的爱情？

陌生人→第 10 题

自己的偶像→第 9 题

暗恋对象→第 8 题

8. 当你在爱情中受了伤，会变得十分脆弱吗？

是的→第 11 题

不是→第 10 题

9. 假如你最好的朋友爱上了一个人渣，你会怎么做？

劝服→第 11 题

忽视→第 12 题

10. 你是一个对音乐有很高鉴赏力的人吗？

是的→第 12 题

不是→第 13 题

11. 当你心里没有一个目标时，会感觉很彷徨吗？

是的→第 14 题

不是→第 13 题

12. 晚餐时间你煎了一条鱼，你会用以下哪个盘子来盛呢？

长方形的木盘→第 13 题

鱼形的白瓷盘→第 15 题

圆形的玻璃盘子→第 14 题

13. 你十分在意自己在别人心目中的形象吗？

是的→第 15 题

不是→第 16 题

14. 你喜欢看希腊神话吗？

是的→第 16 题

不是→第 17 题

15. 你总是能够轻易察觉出别人脸上细微的表情吗？

是的→第 18 题

不是→第 17 题

16. 你希望以什么形式来留住最美好的回忆？

用文字写下来→第 19 题

用画笔绘出来→第 18 题

用相机拍下来→第 20 题

17. 假如让你为洗衣液设计包装瓶，你会选择什么颜色的瓶子？

蓝色→第 18 题

黄色→第 19 题

绿色→第 20 题

18. 你很少会因想太多的事情而失眠吗？

是的→第 19 题

不是→第 20 题

19. 在《睡美人》这出话剧里，你最想扮演谁？

仙女→第 20 题

巫婆→E

公主→C

20. 你希望自己的卧室被安排在房子中的哪个位置？

小阁楼里→A

阳光充足的房间→D

安静清幽的房间→B

测试结果

A. 你的内心深处有一张细密的网，将自己最私密的灵魂世界封闭起来。你有着一种向往流浪和孤独的决绝，彻底的自由和完美的幻想会让你想远离这个纷繁的世界，你偶尔会在人群中孤僻而娴静。

B. 你是一个在物质上和精神上都很矛盾的人，你的声色感官与物质欲望都十分强烈，你会站在现实生活层面之上对艺术和美孜孜不倦地追求。你的内心看透了这个世界的爱恨离别、虚无缥缈、堕落欺骗，你只想得到生活意义的满足与安逸。

C. 你的内心有一个宁静安详的角落，里面装满了你对浪漫和小资情调的追求，你总是在逃避现实生活中所有烦琐的事情，你恐惧生老病死、尔虞我诈、明争暗斗。你想要找到现实世界与自己幻想的虚拟世界的平衡所在。

D. 你的内心是一片充满希望和自信的阳光之地，生命中点点滴滴的成长和更新都会让你铭刻在心，包括那些大喜大悲、大起大落，但是你更注重于记住一些快乐的、激励人心的事情。现实的你无法停下灵魂的脚步，执着地追求着现实生活的目标。

E. 虽然你表面上看起来是一个乐观主义者，总是带着亲切的笑容，但这并不代表你的内心也信奉快乐，聪明的你会信奉顺应自然之有如清泉流水般的感觉。就算遇到挫折和失败，你也会坚信"船到桥头自然直"，你总是用平淡、平实的心态去面对一切。

看了小测试之后，你知道自己属于什么样的人了吗？你内心最深处的那一面是否被发现了呢？我们内心深处的那一面，就是我们最好的一面，最纯真的表现。你的内心深处又是什么呢？

小林已经在自己的努力下取得了可喜的成绩，但他的内心却一直被一些不良情绪困扰着，他特别在意别人对他的看法，不愿意听到任何对他否定的字眼。有一次，一个同事对他说："我觉得你这样做就更好了。"他就整天忧郁：莫非我做得还不够好？莫非我不如他？他们都在私下里这么议论我？他渴望别人赞美他，有时甚至会沉浸在自我欣赏的旋涡中不能自拔。对于别人丝毫的否定和看法，他都会感到莫名的愤怒，而他又不得不压抑着这种情绪，尽量不释放出来。"良药苦口"在他身上的"药效"显得十分不足。

他也很爱玩微信，虽然不会口头表达对他人的不满，但他想到了在微信上，借助转发某些合适的资料对那些看不习惯的东西旁敲侧击，而后又特别希望有众多人来"赞"他，来肯定他是多么的英明睿智，他会时不时拿着手机看动态，还会臆想哪些人该"赞"他，如果没有，他就非常失落，心想：原来我在别人心里就是这个样子啊。

有位搞咨询的朋友，要求他每天早晨起来，对着镜子中的自己大声喊三遍"我很虚荣"。难道自己有这样一颗虚荣心？他依然觉得自己的举动像是有精神疾病似的，很难接受自己具有这样一种特质，他从未意识到自己内心的困扰其实就是虚荣心在作祟。

与小林一样，许多人都拥有一个"隐藏的自己"。由于处于社会或者家庭中的某个位置，我们通常无法将这些隐藏的人格完全表现出来，但它们并没有消失，而是时不时冒出头来困扰我们的内心。想要追求内心的安宁，就必须聆听自己内心深处的声音，这样才能释放出心中的负面情绪，从表层的、虚假的自我中解脱出来。其实，我们每个人的内心深处都存在着一个未知的自己，每个"自己"都有着不同的个性，代表我们的某种特质。我们将自己这些隐藏的特质称为"亚人格"。只有与自己内心的亚人格进行交流，我们才能坦然地面对自己。

综合心理学家罗贝托·阿沙吉欧力说："我们的某种东西被自己认为是自身的一部分，那么我们就很容易被它控制。而如果我们将它与自己区分开来，就能够控制它。"所以，我们应该学会寻找和鉴别自己内心的亚人格，并与这些亚人格进行交流，承认和接纳它们。为了更好地交流，我们不妨给每一种亚人格取一个名字。比如，小林发现自己的内心有虚荣这种特质，就可以将这种亚人格命名为"容易虚荣的小明"；小美发现自己的内心非常容易产生嫉妒情绪，就可以把这种特质称为"容易嫉妒的小娟"。我们还可以将自己的亚人格看作是一个朋友，并且与之进行交流……这时，我们就会发现，将第一人称转化为第三人称，能够让我们更客观、更真实地看待自己。

那么，如何与我们的亚人格进行交流呢？一位心理学家想出了一种方法，就是靠进行具体的、形象的练习，来与"自己"对话。

你可以先闭上眼睛，然后设想一个这样的场景（如果你是位女性）：你坐在一辆公交车上，车厢里坐满了各式各样的"自己"，有衣着亮丽的时尚女郎，也有穿着职业套裙的白领；有漂亮的，也有丑陋的；有活力四射的，也有精神不振的。总之，你所能想到的女性形象都出现在你的周围，其中有些是你根本不愿意认识的，甚至是你极度厌恶的。而你必须与车上所有的人进行交流，直到彼此了解为止。

车上的每个人都代表了你心中隐藏的"自己"，如果你能与他们相互交流、彼此了解，就真正做到了与自己的内心进行对话。

小林是这样描述他所想象的情景的：

在我想象中的那辆公交车上，有许多奇怪的人。有一位身材魁梧，眼神犀利的男士邀请我与他一起下车。他告诉我，他叫"虚荣的小明"。他对我说的第一句话是："请你不要以这样的态度对待我，我知道我很虚荣，我很在乎别人的看法，但是我希望你不要嘲笑我。"他告诉我，他总是担心别人对他有什么不好的看法，生怕自己哪里做得不对，总是生活在别人的眼光中，以致没有人愿意与他同行。他对我说，就是因为我和他一样虚荣，才导致我的工作总是不太顺利。"虚荣的小明"指责我说："许多别人的看法你完全可以不用顾及，踏踏实实地做你自己，每天可以很快乐，而你却活在别人的眼光中，导致自己不愉快。"

小林就是通过与"虚荣的小明"进行交流，明白了自己的虚荣给生活和工作制造了许多障碍。他说："与那个虚荣的小明对话，给了我很大的帮助。"

我们可以以这样的方式试着与自己的亚人格进行对话，并在这个过程中接受"自己"，这样也就表示我们能够接受自己隐藏的那部分特质，而不是努力压抑自己的亚人格了。

第四节　幸福自找，烦恼自讨

烦恼、快乐就像是人的两个口袋，想拥有什么样的心绪，要看你翻了哪个口袋。一个口袋翻不出好东西，要学会换只手翻另一个口袋。烦恼是自寻的，快乐是自找的，而生活的全部艺术，就在于你能否总是找到那个装着快乐的口袋。找到了快乐，你就找到了幸福。

人生于世，有何意义？先贤说，把心静下来，什么也不去想，就没有烦恼了。先贤的话，像扔进水中的石头，而芸芸众生在一石击破水中天之后，烦恼便又如涟漪一般荡漾，而且层出不穷。人的欲望永无止境，所以人生烦恼无数。烦恼，永远是寻找幸福的人命中的劫数。

幸福总围绕在别人身边，烦恼总纠缠在自己心里。这是大多数人对幸福和烦恼的理解。成绩差的学生以为考了高分就可以没有烦恼，贫穷的人以为有了钱就可以得到幸福。结果是，有烦恼的依旧难消烦恼，不幸福的仍然难得幸福。

寻找幸福的人像在登山，他们以为人生最大的幸福就在山顶，于是气喘吁吁、穷尽一生去攀登。最终却发现，他们永远登不到山顶，看不到山头。他们并不知道，幸福这座山，原本就没有顶、没有头。

另一种寻找幸福的人也像在登山，但他们并不在意登到哪里。一路上走走停停，看看山岚，赏赏霓虹，吹吹清风，心灵在放松中得到某种满足。尽管没有大的幸福感，然而，这些琐碎而细微的小自在，萦绕于心扉，一样能芬芳身心、恬静自我。

对于心灵来说，人奋斗一辈子，如果最终能挣得个终日快乐，就已经实现了生命的最大价值。

有的人本来就很幸福，看起来却很烦恼；有的人本来该烦恼，看起来却很幸福。

活得糊涂的人，容易幸福；活得清醒的人，容易烦恼。这是因为，清醒的人看得太真切，一较真儿，生活中便烦恼遍地；而糊涂的人，计较得少，虽然活得简单粗糙，却因此觅得了人生的至高境界。

所以，人的烦恼是自找的。不是烦恼离不开你，而是你撇不下它。

这个世界，为了什么烦恼的人都有。为权，为钱，为名，为利……人人行色匆匆，背上背着个沉重的行囊，装得越多，牵累也就越多。

几乎所有的人都在追逐着人生的幸福。然而，"业障本来无，心差转为殊，世间本无事，庸人自扰之"。我们常常看到的情景是：一个人总在仰望和羡慕别人的幸福，一回头，却发现自己正被别人仰望和羡慕着。

其实每个人都是幸福的。只是，你的幸福，常常在别人的眼里。有句话说得很有意思：没吃饱，人只有一个烦恼；吃饱了，人就有无数个烦恼。人是不是喜欢自寻烦恼呢？

有位心理学家针对"烦恼是自己寻得的"这个话题，做了一个"意味深长"的实验。他在一个周日的晚上，召集了一群自愿参与实验者，要求他们在未来的三周里，把自己认为将发生的，所有能够想到的烦恼事，都写下来，然后投到一个"烦恼箱"里。

三周过去，又是一个周日，这位心理学家在所有参与实验的人面前，打开了那个"烦恼箱"，请在场的每个实验者逐一核对自己的每一项"烦恼"，查看一下这些烦恼是否在过去的三周里困扰自己，结果发现，其中有九成的烦恼根本就没有发生。

心理学家又要求大家把剩下的那一成烦恼写在一张字条上，重新装进信封，丢入"烦恼箱"中，并请大家在随后的三周时间里，思考一下解决烦恼的方法。

三周后的又一个周日，当心理学家当着大家的面再次打开箱子后，大家发现，自己的那一成烦恼，已经不再是什么烦恼了。

心理学家在这次实验中总结出了这样一个道理：一般人的忧虑和烦恼，有40%是属于过去，有50%是属于未来，只有10%是属于现在。而那90%的忧虑和烦恼，在当下就从来没有发生过，剩下的10%的烦恼，则是一般人能够轻易应付的。这个实验也证实了"烦恼是自己寻得的"这句话。自寻烦恼，其实就是拿昨天和明天的事情来折磨自己；只有积极的情绪才能给生活带来更多的美好。

自寻烦恼、负面情绪比较多，是老祖宗留给我们的一个无法改变的事实。我们无法改变昨天的历史遗留，但是，并不是不能去改变今天的现状。积极心理学带给人类的最大贡献之一，就是通过正面思考的力量，来帮助人们改变消极情绪，增加积极情绪。

有人说，我知道自己不应该自寻烦恼，需要多点积极情绪，可是我的脑子里似乎总是有那么一个"喋喋不休者"，一会儿说东，一会儿说西，说的东西总是消极的比积极的多。事情还没有发生，我就会联想到不好的结果；我内心的那个"喋喋不休者"总是喜欢抱怨，总是对不好的事情耿耿于怀，对不开心的事情记忆犹新……心理学家在研究中也发现了这样的现象：一个人的大脑中，平均每天会有四五万个想法浮现又消失。人们醒的时候，大多数的时间，都是在内心与自己进行着默默的对话。而内心的对话常常是负面想法比正面想法多。心理学家南迪·内森的一项研究发现：一般人的一生，平均有十分之三的时间处于情绪不佳的状态。因此，人们常常需要与那些消极的情绪做斗争。从远古时代开始，我们聪明的祖先们，在解决了温饱问题之后，便开始拥有一些积极和良好的感觉，慢慢地体会到喜悦的心情，为了生活得更好、更开心，于是又逐渐进化出更多的积极情绪。积极情绪这粒灿烂的种子，让人们感受到：喜悦、感激、宁静、兴趣、希望、自豪、逗趣、激励、敬佩和爱。

积极情绪改变了我们祖先的行为，提高了他们的生育质量和生存概率；积极情绪帮助祖先们在财产、能力和有益的特质上获得了发展。积极情绪从一粒种子开始，生长，发育，欣欣向荣地"开放"，这朵美丽的花儿，不仅传递芳香，还让人感受到更多美好的东西，让人们的感觉更好，生活得更亲密、更和谐。

积极情绪的好处是，"让我们更快乐，诱发更多乐观的生活态度，给我们带来开放的思想、柔和的性情、放松的肢体和平静的面容"。积极情绪让我们的生活欣欣向荣；而消极情绪则使我们的生活枯萎凋零。

有人会问：积极情绪要多少才能算够？是不是彻底消灭了消极情绪，人们才是最快乐的？

正常的人都会拥有七情六欲。要让一个人去体验百分之百的积极情绪，这是违背和否定人性的，这意味着你要像鸵鸟一样，把自己的脑袋埋在沙子里，最终会让其他人远离你。

是不是积极情绪越多越好，消极情绪越少越好呢？

绝非如此。适当的消极情绪会让你脚踏实地，知道自己是一个正常人。

积极心理学家芭芭拉·费雷德里克森在《积极情绪的力量》一书中建议：积极情绪与消极情绪的比例是3∶1。每当你承受一次撕心裂肺的消极情绪，就需要体验至少三次能够让你振奋的积极情绪。未必是每时每刻，也未必是每天都能达到这个比值。只要在一周或者是一段时间里，尽力达到或超过3∶1的比值就可以。

有人问：是不是积极情绪可以无限增加，没有上限？

其实，并不是积极情绪越多越好，也并非消极情绪越少越好，积极情绪和消极情绪的比是 11∶1 左右。在 12 件事情里，有 11 件快乐无比的事情，有一件不开心的事情，你就是一个超级快乐的人了！

即使是世界上最快乐的人，在失去自己最心爱的人时，也会伤心地流泪；遇见不公平的事情，也会感到愤怒；面对危险，也会感到恐惧；遇见令人作呕的事，也会感到反胃，等等。获取积极情绪的关键是培养正面思考的习惯，积极情绪能帮助我们应对生活中的各种压力和烦恼。

准许自己大胆为人，容许自己拥有各种情绪，只是不要让负面情绪在自己的体内驻足太久。对自己负责的方法很简单，让自己快乐起来，拥有更多积极的情绪，活在当下，做有益的、有意义的事。

聪明的人，不会为了任何人、任何事去折磨自己。当然，偶尔傻点、笨点也有必要，人生不必时时太聪明。一定要学会承受痛苦，把每一次痛苦当作一次成长的经历。

聪明的人，会好好地爱自己。即使没人心疼你，你要自己心疼自己。如果不开心，就找个角落或者在被子里哭一场，你不需要别人的同情可怜；你要学会控制自己的情绪，不要随便跟人发脾气、耍性子，要接受和容纳自己不完美的地方。全世界只有一个你，就算没有人懂得欣赏，你也要好好爱自己。

第五节　勇敢改变，接受考验

在这个世界上，我们不可能事事顺心，处处如意。总会有很多残酷的事实和境遇是我们无法回避、无法选择又无法改变的。如果因此而怨天尤人，自我消沉，那你的人生将只剩下苦闷和抱怨。在现实生活中，我们经常听到有人抱怨其他人对自己的想法和意见不理解，从而产生厌恶之情，双方的矛盾日益凸显，对任何一方都不利。改变别人的想法无疑是很难做到的，而这时，我们又该如何去做呢？在我看来，对于不能改变的现状，我们应该学着心平气和地去接受。

所以，不管是生活还是工作，都应该坦然接受不可改变的事实。这绝不是逆来顺受或者不思进取，这只是一种积极的顺其自然的人生态度。

人生本来就是一个输赢交错的过程，就是诸葛亮再世也无法准确预测和掌控不可预知的未来，更不能改变过去既成的事实。所以，与其死死纠缠不能改变的过去，还不如花点心思改变心态，坦然接受现在，放眼未来。

人生总会遇到这样或是那样的磨难，好比唐僧去西天取经，总有劫难等着他去克服。事实不会因你的痛苦而发生改变，如果你能保持良好的心态，采取积极的行动，那么磨难就会变成"磨刀石"，不但能让你"卷土重来""东山再起"，还会使你变得更加出类拔萃。

有人曾经看到过这样一个情景：把一只与大部队走散了的蚂蚁堵到墙角，不让蚂蚁出去。起初，蚂蚁想尽一切办法试图逃出困境，可是在用尽所有办法之后，当蚂蚁无计可施时，它冷静了下来，选择去接受这样一个新环境，而不是毫无目的地乱撞。

而我们呢？是否也该去接受那些我们所不能改变的事？

平心而论，我们如今生活在一个"弱肉强食，适者生存"的时代，而现在的强者所秉持的信条恰恰是"适者生存"。只有学会了适应，我们才能更成功地完成各项工作。

所以说，改变是一种永不服输的精神，但也可能是蛮干；适应与接受是一种"懦弱"的服从，但也可能是一种更完美的改变。改变可以改变的，接受不能改变的，应是我们共同奉行的人生信条。

已故的美国小说家布思·塔金顿常说："我可以忍受一切变故，除了失明。我绝不能忍受失明。"可是在他60岁的某一天，当他看着地毯时，却发现地毯的颜色渐渐模糊，看不出图案来。他去看医生，得到了残酷的证实：他即将失明。有一只眼差不多失明了，另一只也接近失明——他最恐惧的事终于发生了。

塔金顿会对这巨大的灾难做出何种反应呢？他是否觉得："完了，我的人生完了！"完全不是。令他惊讶的是，他还蛮愉快的，他甚至发挥了他的幽默。当那些游移的斑点阻挡他的视力时，当大斑点晃过他的视野时，他会说："嗨！又是这个大家伙，不知它今早要到哪儿去！"完全失明后，塔金顿说："我现在已经接受了这个事实，也可以面对任何状况。"

为了恢复视力，塔金顿在一年内得接受十二次以上的手术，而且只是采取局部麻醉。他会抗拒吗？他了解这是必需的，无可逃避的，唯一能做的就是优雅地接受。他放弃了私人病房，而和大家一起住在大众病房，想办法让大家高兴一点。当他必须再次接受手术时，他提醒自己是何等幸运："多奇妙啊，科学已经进步到连人眼如此精细的器官都能动手术了。"

当真正面对无法改变的事实的时候，其实每个人都能接受，就像本以为自己绝不能忍受失明的塔金顿一样。这个时候他却说:"我不愿用快乐的经验来替换这次机会。"他因此学会了接受,并相信人生没有任何事会超过他的容忍力。如约翰·弥尔顿所说的,这次经验教导他"失明并不悲惨,无力容忍失明才是真正悲惨的"。

成功学大师卡耐基说:"有一次我拒不接受我所遇到的一种不可改变的状况。我像个蠢蛋,不断做无谓的反抗,结果带来了无眠的夜晚,我把自己整得很惨。终于,经过一年的自我折磨,我不得不接受我无法改变的事实。"

西方有句谚语,"不要为打翻的牛奶杯而哭泣",这与中国的一个成语"覆水难收"有着异曲同工之意。用流行的话来说,"你可以设法改变三分钟之前的事情所产生的后果,但你不可能改变三分钟之前发生的事情。"是啊,事情已经发生,就算肠子悔青了也没有"月光宝盒"送你回到过去,所以,不如将精力放在如何解决问题上,避免以后再犯同样的错误。

不幸的发生,往往是因为我们对事物做出了错误的估计,所以不得不付出代价。但是,错误已经发生,懊悔、暴怒、颓废都无济于事,只会让事情变得更糟。不如向谭先生学习,勇敢面对突如其来的灾难,用平静的心态去承受不可更改的事实,想办法去解决问题,而不是企图"回到过去"。

一颗种子接受了春风与甘露的滋养,它的命运便悄然改变。生命湍流奔涌向前,接受着阳光雨露,也改变着大好河山。面对不可避免的事实,我们就应该学着做到诗人惠特曼所说的:"让我们学着像树木一样顺其自然,面对黑夜、风暴、饥饿、意外与挫折。"

若人生只能接受,将负重不堪;若人生一直变幻,则扑朔迷离。接受并学会改变,人生才会闪耀出智慧的光芒。坦然接受现实,并不等于束手接受所有的不幸。只要有任何可以挽救的机会,我们就应该奋斗。但是,当我们无力挽回、无法改变事实时,就不要再踌躇不前,拒绝面对。要接受不可避免的事实,唯有如此,才能在人生的道路上掌握好平衡。

你可知世界著名影星玛丽·玛特琳？当我初次看到她的作品时，实在难以想象她居然是一位长期处于无声世界的聋哑人，的确，玛特琳的眼神传递出对生命的热爱，她的表演永远充盈着温暖与平和，但又有谁知道她年少时的怨恨？失聪的阴影困扰着她，她也抱怨过上帝的不公，但在某个瞬间，她顿悟，与其抱怨，不如接受和改变。她利用一切机会，不断地提高自己的演技，在表演中洗涤心灵。她终于接受了自己的缺陷，并且选择改变。若非如此，我们怎能在奥斯卡金像奖颁奖典礼上看到她的身影？

想想史铁生，他经受了那般痛苦的人生，却说"孩子，这是你的罪孽，亦是你的福祉"。再想想弘一法师，他选择了"繁华之极，归于平淡"，因之成就为一位大师。改变，听起来多么困难，像是生命对你肆意妄为的勒索，像是蝴蝶破茧而出的疼痛。可经历了，接受了，你会看到生命的另一片天空。这样的话，说起来容易，却未必是常人能够做到的。"不要问我从哪里来，我的故乡在远方，为什么流浪，流浪远方，流浪……"，《橄榄树》的淡淡忧伤和迷茫，偶尔会迷了世人的眼。三毛的人生似乎正是这首诗的写照。年少求学出国，后与荷西定居撒哈拉，她总是流浪着，然后停在了美丽的撒哈拉。可荷西的逝去，让她丢失了心灵的方向，思念浸没了她的整个生活。撒哈拉也沉默了。家人来信希望她接受现实，盼望她转变对人生的看法。可三毛已然听不进任何人的话，她接受不了，改变不了，选择了永远停下。与史铁生一样，她也是痛苦的，可结局却完全不同。一个成就了生命的丰碑，另一个却只是徒添世间的一抹悲叹。要知道，接受是为了更好的改变。在世人诧异的眼光中，李娜渐渐远离了那个曾经拥有火爆脾气的自己，换上她那招牌式的东方微笑，这令许多人惊讶！可李娜却知道，自己的改变是必要的。看到李娜在广告片中近乎完美的形象，甚至有媒体称，李娜似乎只愿意把微笑留给虚构的舞台，而非真实的生活。带着微笑的李娜，让我们看到了比奖杯更美的光彩。学着接受改变不了的东西，你的心底或许会悄然绽露生命的新芽。

美国的尼布尔博士说:"祈求上苍赐予我平静的心,接受不可改变的事;给我勇气,改变不能接受的事;并赐予我分辨这两者的智慧。"

在漫漫的人生旅途中,我们会遇到大大小小无法改变的事实。比如,最疼爱我们的亲人突然离去,我们深爱的恋人不回头地走开,我们最心爱的东西丢失不见,我们最想拥有的工作失之交臂,我们最理想的大学差之毫厘……这都是眼睁睁的事实!那么,在这些不争的事实面前,我们应该怎么办?守着亲人的灵柩顿足捶胸吗?可这样我们能唤回已逝去的灵魂吗?看着变心远去的恋人大声呼唤,苦苦哀求吗?这样我们即使能留住此情已移、空留躯壳的人,可还有什么意义呢?想着本应该属于我们的东西、机会、大学,这种信念,懊恼悔恨,以泪洗面,于事有补吗?觉得坐在地上哭泣,心爱的东西便能从天而降?还是觉得机会可以坐等到自己从头再来?或者说大学通知书自会飞到手中?我们都知道,这些根本没用!不但没用,还有可能让事情变得更糟:因为当你为错过了太阳而哭泣的时候,很有可能连群星都错过!

所以,我们需要一颗平静的心,接受这眼前不可以改变的事实——把亲人的音容笑貌留在心中,当作永恒的记忆珍藏;把恋人的变心以无缘、灯火阑珊处自有有缘人来疗伤;失去一个机会,总结经验,把过去关在身后,再树雄心,为着前方的目标风雨兼程!因为,你当坚信,当上帝关上一道门时,一定另有一扇窗为你打开!

一味地自怨自艾会伤害自己,也会让你错过赶路!记住普希金的话:"假如生活欺骗了你,不要悲伤,不要心急!忧郁的日子里须要镇静:相信吧,快乐的日子将会来临!"同样,在我们的人生旅途中,也会遇到大大小小不能接受的事。承认失败需要勇气,面对压力需要勇气,跌倒再爬起更需要勇气。

第二章

乐观处世

你是为成功而快乐,还是因快乐而成功?

第一节　积极心态，幸福自来

在讲积极心态之前，先说一下消极心态。什么是消极心态？消极心态是指个体因受自身或外在因素影响，不满意于自身条件或能力，进而造成信心缺失，在社会生活中逐渐形成的、又进而对人的社会生活产生消极影响的消极心理状态。因生理、心理、社会等的影响，个体心理的各个方面都有可能出现消极化倾向。

如何正确看待消极心态？一般情况下，大多数人都有可能在某个时期的某个特定情景下出现一些暂时性的消极心态，比如有的中年人因更年期到来而出现嫉妒、压抑和情绪不稳定等消极心理；有些孩子因受家庭的影响而表现出狭隘、自私等消极心理。如果这些消极心理状态不断得到强化和积累，严重到一定的程度，变成一种相对稳定的心态，此时其心理和行为就会与周围其他人有明显的相对稳定的差异，就会对事物做出一些反常的、特殊的或者过于亢奋、过于消沉的行为反应，进而对生活和工作产生严重的消极影响。这时的消极心态，就不再是短暂的心理反应，而是一种异常心理反应。

在现在这样的时代里，我们的生存越来越艰难，生活越来越艰苦。人才太多，竞争对手更多，机会总是太少。竞争的激烈，让人们的各种压力增大，于是，有更多的人，为了达到自己的目的不择手段。在我们周围，总有那么一些小人，他们意识到自己的无能，千方百计地想成为别人前进道路上的绊脚石，阻碍别人前进，我们可能受到冷嘲热讽，甚至受到威胁，各种潜规则、烂交易。这个时代的生存法则被这乌合之众搅得鸡飞狗跳般混乱，面目全非。美好的事物，越来越少；拥有美好心灵的人，几乎无法生存；走到哪里，哪里都是浑浊与阴暗。慢慢地，我们开始彷徨，甚至迷茫。我们是否一定要随波逐流、变成和他们一样的人，才能得到自己想要的生活，才能得到快乐？

走的路多了，难免会受制于人，受压于人，受气于人，受辱于人，难免会不幸掉进陷阱之中，会被咬上一口，受到莫须有的刁难，受到许多羁绊和束缚。我们毫无办法，同时，还得笑笑，因为生活还要继续，因为被刁难也是生活的一部分，因为客观条件受制于人，并不足惧，重要的是我们的心态。不管生活得多么卑微，都要积极地面对，一个人只有具有了积极的心态，才能抛却一切痛苦和烦恼，使一切不如意，都烟消云散，才会对自己生活的环境更加热爱，才会心情舒畅，乐在其中，更充分地展现自己的智慧，所处的环境也才会有好的改变。

感到人生不如意、不幸福，都可视为你人生的失败，这些失败多半源于我们与生俱来的弱者的消极心态。没有卑微的生活，只有卑微的心态。一个人活着，如果在精神上枯萎，成为消极心态的奴隶，就会去做消极的事，习惯性地去发现事物的缺点，对未来充满怀疑和抱怨，深陷恐惧之中，看待事物越发没有信心，越发自卑，变得萎靡、阴郁、懒惰，觉得周围都是障碍，感觉处处不尽如人意，失去行动的能力，对生活充满抱怨，意志消沉，丧失勇气，得过且过，陷入烦恼、痛苦以及忧虑无奈的泥潭，不仅不能摆脱困境，反而使结果更加恶化，使生活变得更糟，粉碎了人内心最美好的梦想与希望，甚至限制和扼杀了自身的潜力，最终与机会擦肩而过，失败和不幸就会接踵而来，使人对未来充满沮丧和失望。

消极心态者对事物永远都能找到消极的解释，并且总能为自己找到抱怨的借口，最终得到消极的结果。接下来，消极的结果又会逆向强化他消极的情绪，从而使他更加消极。这个世界总会有阴暗面，一缕阳光从天空照下来，总有照不到的地方，如果我们的眼睛只盯在黑暗处，抱怨世界的黑暗，那么我们只会得到黑暗，只能是一事无成地走向失败，还没有开始就先被自己打败。人生路上难免有荆棘，可这也只是一些小插曲，并不能代表全部，更无法将人生美好的风景全部抹杀。一个人如果每天都浑浑噩噩，绝不会有什么大的作为。

人人追求好的心态，好的心态其实很简单，当你选择了积极和快乐，面对工作、问题、困难、挫折、挑战和责任，从正面去想、去看待、去处理的时候，你就会有很大的改变，就会对生活很有信心，生活也将变得更加美好。在面对生活中的问题、困难、挫折和挑战时，要更加积极努力，主动把自己从痛苦中解救出来，保持旺盛的斗志、乐观的情绪，充满能量和进取精神。只要相信自己会做得更好，就会有更多的希望。

一个拥有积极心态的人并不否认消极因素的存在，人不可能永远处在好情绪之中，生活中既然有挫折、有烦恼，就会有消极的情绪，好的心态要求我们既要看到积极的、有利的因素，又要看到消极的、不利的因素，接受不可避免的事实。在挫折、不幸、灾难和厄运降临的时候，我们没有必要把自己伪装成毫不在乎的傻瓜，在看待事物时，要保持正确而诚恳的态度，不要被悲观的心态俘虏，不让自己沉溺其中，避免走向堕落的人生低谷，用积极战胜消极，尽量使一切朝最好的方向发展。

同样，在我们的生活中，积极心态与消极心态不是一成不变的，是可以相互转化的。很多事情既有对我们有利的一面，又对我们不利的一面，很多时候，同样的事情，从不同的角度来看，就会得出截然相反的结论。往往是积极心态中会有消极的成分，而消极心态中有时也有其积极意义。人生的转机无处不在，只要我们能够调整心态，改变处事方法，积极面对，就能做到越有挫折，越发积极，就可以避免或扭转败局，有时，只需换一个角度，烦恼就不再是烦恼，忧愁就不再是忧愁，压力也会成为你奋斗的动力，错误也能变成你提升能力的前车之鉴。生活就是这样。很多起初看来很糟糕的事情，结局或许会出乎意料地好。

人不可能事事顺利，但可以事事尽心，每个人在生活和工作中都不可能是一帆风顺的，难免有挫折和坎坷，烦恼与欢喜。有些事情是可以改变的，有些事情是不可以改变的，有时难免会产生消极的情绪。虽然我们左右不了外部的世界，不能控制自己的遭遇，但是我们可以把握自己的心态，可以自主地去选择积极心态。不管面对怎样的困境，都不要抱怨命运，因为抱怨不但会把事情搞得越来越糟，而且会将解决问题的机会错过。要对自己的人生负责，为自己创造有利的机会，不管这一天发生了什么，我们总能够挺过去的，明天的太阳照常升起，并且依然灿烂，只要你希望自己快乐，就能得到快乐。

在现实生活中，终日烦恼的人，实际上并不是遭遇了太多的不幸。感到人生不如意、不幸福，都可视为你对人生的消极态度，这些消极态度多半源于我们对生活的一种作为弱者的消极心态，我们甚至会因为别人的一句话或者一个眼神就灼伤自己的心灵，整天为一些鸡毛蒜皮的小事担心不已，被虚张声势的困难吓倒，对那些莫须有的困难耿耿于怀，让自己生活得太累，破坏了美好的一切。实际上，生活并不像想象中的那么糟，大多数烦恼都是无中生有，不要因别人的不善而影响了自己做事情的心情，也不要因外界的不尽如人意而影响了自己一生的幸福快乐，很多事情看起来以为是辛苦不堪，其实做起来是乐在其中。

有时，我们在面对生活的时候遭受到了打击，甚至得不到认可，于是就对将来的生活产生怀疑，面对生活的积极心态就会转化为消极的人生观念，走向人生的反面，进而毁灭自我的信念。其实，打倒一个人的不是挫折，而是面对挫折时所抱的心态，人与人之间只有很小的差异，但是这种很小的差

自己挠痒自己笑

异却可以导致巨大的差别。因别人的不理解而遭受嘲笑,心里忧愁苦闷;因为事事不如意,什么都跟你作对,你甚至怀疑自己的一切;因为年岁又渐,而自己却两手空空,又开始怨恨自己的庸碌无为;梦想与现实总有一条无法跨越的鸿沟,凡事总有一些东西碍手碍脚,你感叹世事如棋,终成不了赢家……殊不知囚禁我们的不是别人,而是自己,是我们不积极的心态。

成功面前的大风大浪,都只是我们为自己的逃避找的借口。很多时候,人们陷入痛苦,不能自拔,并不是因为痛苦本身有多大,而是因为我们面对困难的心胸太小,妄自菲薄,低估了自己的能力,无意中放大了痛苦。如果我们把生活中的这些起起落落看得太重,那么生活对于我们来说永远都不会坦然,永远都没有欢笑。世界上没有什么事是我们办不了的,没有什么困难是不能克服的,要知道,那些所谓的困难重重,多半都是纸老虎,事实上并没有我们所看到的和想象中的那么难以克服,打倒你的往往不是挫折,而是你面对挫折时所抱的消极心态。

很多人似乎都在羡慕别人的生活,似乎只能看到别人的长处,忘却了自己的幸福,看到的都是别人光鲜的一面,羡慕这个,妒忌那个,成天认为自己的命不好,因为他人的光芒把自己的暗淡刺得千疮百孔,痛得不知所以,总是郁郁寡欢。然而,由于每个人所面临的现状与所处的环境不同,对生活的标准、对生活的渴望、对生活的追求、对生活的理解也是完全不同的。生活是自己的,任何人或事都没有给你添加烦恼,只不过是你自己和自己过不去罢了。家家有本难念的经,你只是看见了某些人的快乐,没有看见他们的痛苦,不必与人比较,羡慕别人带给我们的是更多的痛苦,不能因别人拥有的而失去自己的快乐和自由。从根本上讲,决定我们生命质量的不是金钱,不是权力,甚至不是知识,也不是能力,而是心态,成功和失败很多时候只系于一念之间的心态。与其执着于无力改变的艰难状况,不如改变自己的心态,享受自己的生活。

美好的心灵是积极的源泉，积极必定是正面的，是向上的，贪婪和嫉妒里没有积极情绪。总有一些人害怕付出，想占小便宜，在利益面前忘乎所以地使用一些钩心斗角的阴谋诡计。凡是心术不正的人，放弃了良心，缺失了正确的是非观，虚伪成性，没有了道德品质作为支撑，就根本谈不上具有积极的心态，更谈不上什么积极地面对生活。无论什么人，只要阴险狡诈，便是小人，只会站在自己的角度考虑问题，卑鄙在愚昧无知的土壤上不断地生长，直到侵占思想的每一片空间，长此以往，就连正常的心态都难以维持。

人的一生并不是什么事都能由自己去选择，人生的道路崎岖不平，坎坎坷坷，难免会掉进不幸的陷阱之中，难免会有挫折和失误，压力与困难总是存在的，也少不了烦恼和苦闷，痛苦和不幸谁都不想要，但有时却往往接踵而至。过去的事情已无法改变，在恶劣的情形发生的时候，哭泣和抱怨都没用，既然无法避免已经发生的事情，就积极地去面对接下来的事情。不管现实如何，积极面对自己所拥有的一切，才是最佳的选择。

人人都想做大事，人人都想成功，这是一种本能，可是成功者毕竟是少数。不能因为没有成功就去抱怨、责备这个世界，谩骂周围的各种环境，这是可笑的，也是自卑的。积极对于成功而言更是心灵的收获，所以人生不能失去积极的心态。实际上，我们心灵的痛苦远比肉体的痛苦更令人难以承受，多少人到深夜无法安心入睡。积极的心态是生活的一味良药，伤心的时候能够带来快乐，孤独的时候能够给予安慰，无论我们处在什么样的生活环境中，都不能缺少一种积极向上的心态。

积极的心态会给一个人的生活带来积极的人和事，消极的心态会给一个人的生活带来消极的人和事，没有一个好的心态就谈不上好的人生，心态影响着人的情绪和意志，决定着人的生存状态与生活质量。心态的差异，足够使一个人发生翻天覆地的变化，积极的人会把每一天都当作新的开始而充满希望，尽管这一天有许多麻烦事等着他，他却能够主动迎上去。

自己挠痒自己笑

积极的心态是成功的第一步，一个人如果心态积极，那么就成功了一半。成功者之所以能成功，不仅因为他们具有超越常人的才华，更重要的是他们拥有决定人生成败的良好心态。我们每个人的身上都隐藏着无穷的潜能，犹如一位沉睡的巨人，就等待我们用积极的行动去唤醒他。要做好一件事，首先需要的是积极的心态，因为只有具备了这样的心态，才能够激发做事的热情，才可以在完成事情的过程中全力以赴，才可以全身心地投入，才可以达到事半功倍的效果。没有谁见过持有消极心态的人能够取得真正意义上的成功。没有积极乐观的精神，成功只是昙花一现。每一次的成功和收获都要通过大量的努力和代价来实现，如果你因害怕失败而不敢迈出第一步，那么你就永远不会成功，所以，成功是由那些抱有积极心态的人所取得的，并由那些以积极的心态努力不懈的人所保持。

在生活中，每个人都想得到自己梦寐以求的东西，财富、美貌、金钱、地位、爱情、友谊等，但是，世上很多事情，往往不是你想要什么就能得到什么。于是，在追逐梦想的路上，我们常常力不从心，现实总是处处用缺憾刁难我们，我们碰得头破血流，有时连自己的生存都变得异常困难。人不是为烦恼而活的，不要让痛苦控制自己而迷失自我，不要把自己毁灭在一些无法完成的事上。积极并不是刻意地为难自己，并不是盲目地自大，非要与人一较高下，更不是挖空心思地钩心斗角，整天忙得不亦乐乎。学会给心灵松绑，才能给自己营造一个温馨的港湾，执迷不悟只会把自己拉向痛苦的深渊。

即使有了积极的态度，也未必能保证每件事都成功，但很多事情我们都能做得更好。一个人如果拥有继续努力的勇气，还活在希望当中，那么他今天的失败，就不是真正的失败。在这个渴望成功的时代里，积极不等于心急，积极不只是指外在的积极。行为的指令一定是发自内心的，有些人性子很急，做什么事情，都只是开了一个头就急着得到结果，就想着成功，往往是虎头蛇尾、心浮气躁，甚至走歪门邪道来达到自己的目的。好心态成了挂在嘴上的标签，成了在众人面前作秀的工具，失去了内涵，成了一种形式。一个人如果没有良好的心态作为支撑，急躁冒进，除了自寻苦恼之外，不会真正得到什么，在他心里，生活也会变得处处不尽如人意。

　　学会承受痛苦，有些话适合烂在心里，有些痛苦适合无声无息地忘记。但积极的心态并不是在挫折面前麻木地、无所谓地生活，不是过一天算一天，混日子，消磨时光。机会需要我们自己去主动争取，主动创造。没有天上掉馅饼的事，我们不应该总是向后退缩，更不能想到种种困难就迟迟不敢迈步，不要害怕自己的起点低，不要担心自己没有多么高的智商。心动不如行动，虽然行动不一定会成功，但不行动一定不会成功。如果你不向前走，没有人会替你走，也不会有人一直推着你走。若是连你自己都不愿积极主动地勇敢面对生活，就算有人愿意伸出援手，你也脱离不了困顿的日子。只有你自己才是你前行时最好的依靠，才是你最坚强的后盾。

　　不可否认，环境能够改变一个人的性格，谁也无法脱离现实生活。对于明天，谁也无法预测，可怕的不是一路上的艰难险阻，而是我们丧失生活的信心，丧失拼搏的勇气。世上没有绝对不好的事情，只有绝对不好的心态，人生本来就是要在痛苦的过程中追求幸福，经历一些挫折、一些沧桑，未必不是好事。其实当我们经历这些事情的时候，走过前路再回首，都会拥有一些意想不到的收获。

第二节　学会乐观，才能心宽

乐观，提起这个词，大家都知道是什么意思，但能够做到的却没有几个人。"所谓无底深渊，下去，也是前程万里"。木心的一句话道破人生的真谛。

有两个旅者，在沙漠中迷了路，他们的粮食吃完了，手里都只剩下半瓶水，第一个人对着那半瓶水唉声叹气道："唉！只剩下半瓶水了，这可怎么办呀！"第二个人却乐呵呵地说："太好了！我还有半瓶水！"最终，第一个人口渴难耐，支撑不住，渴死在沙漠中，第二个人倒是安然无恙地走出了沙漠。

乐观的人面对自己的缺点：长得矮——太好了，别人会让着我。长得胖——我饿三天也没事。长得黑——我很健康。

这些便是乐观。为什么第一个旅者走不出沙漠，而第二个旅者却可以？他们两个都只有半瓶水，因为第二个旅者有一颗乐观的心，抱着积极向上的态度去求生，他拥有这种意志，所以走出了沙漠。生活中，面对一切困难，要多想想自己"会做到"，不要老想着自己"做不到"，多看看你拥有的，别羡慕你没有的。

心态决定一个人对事物的看法。要保持乐观的心态，首先就要相信自己，有自信！所谓相信自己，就是要让自己的长处得以充分发挥。你要相信自己是独一无二的！别人擅长的对你来说也许是困难的，但你拥有的别人也许终生都得不到。只要找出自己的优势，挖掘自身的潜力，在现有的基础上进步，我们就会逐步树立起信心，并不断走向成功！

保持乐观的心态，需要我们遇事多从事物好的方面考虑。积极想办法去克服它，始终怀有这样一种信念："我行，我一定行。"当我们历尽艰难，获得胜利时，回头看看，原来它并不可怕，并不是不可征服的。我们之所以没有取得成功，很大一部分原因是消极的心态在作祟。在开始行动之前，我们无限放大自己的困境，却看不到自身的优势及机会所在，往往是自己先行打败了自己。拥有积极心态的人，必定是阳光的人，热爱生活的人。成功者始终以积极的思考、乐观的心态去支配和控制自己的人生，面对挫折，泰然处之。

乐观的人在危机中看到的是希望，悲观的人看到的则是绝望。乐观的心态能把坏的事情变好，悲观的心态会把好的事情变坏。例如：两个人从窗子里往外看，一个人看到的是地上的泥土，一个人看到的是天上的星星，乐观的心态会促使你从问题里找机会，悲观的心态会让你从机会中找问题，当今时代是悟性的赛跑！积极的心态像太阳，照到哪里哪里亮；消极的心态像月亮，初一、十五不一样。不是没有阳光，而是因为你总低着头；不是没有绿洲，而是因为你心中有一片沙漠。成功吸引成功，迷宫吸引迷宫。华尔街致富格言："要想致富，就必须远离蠢材，至少 50 米以外。"

与其忧愁地过一天，不如快乐地过一天。面对桌子上的半杯水，心态不同的人有不同的看法：悲观的人认为，"我只有半杯水了"，不去努力获得水，整天对着这半杯水唉声叹气，最终这半杯水经过长时间的蒸发，化为乌有，他收获的只有失望与无奈。而乐观的人会说，"哇！我还有半杯水！"于是，靠这半杯水，努力寻找新的水源，他最终获得了收获的喜悦。事实上，一个人快乐与否，都取决于自己的心态，当你以乐观的心态去看待这个世界的时候，你会发现世界上的一切都是那么美好，而自己又是多么幸福；当你以悲观的心态活着的时候，你会发现这个世界是灰色的，没有其他色彩。

生活是错综复杂、千变万化的，并且经常发生祸不单行的事。生气、苦闷和悲哀的人健康必然会受到影响，甚至减损寿命。那么，心情不好时，如何恢复一份好心情呢？其实，一个人在烦恼的时候，可以多回忆些愉快的事，还可以用微笑来激励自己。当然，笑要真笑。一项心理研究显示，病人在带着乐观的心情和快乐的表情高声朗读励志类的故事后，他们的情绪会大为改善，而且病情也相应地有所减轻。所以，良好的心情对健康的积极作用是任何药物都无法代替的；恶劣的心情对健康的危害则犹如任何病原体。

遇到困境时，我们可以通过哪些方式摆脱它呢？

1. 转移情绪。

人生的道路崎岖不平，坎坎坷坷，难免有挫折和失误，也少不了烦恼和苦闷。遇到困境时产生的挫败情绪，应当迅速调整，把对消极事物的注意力转移到别的方面上去。

2. 向人倾诉。

心情不快，可以向朋友倾诉，这就需要先学会广交朋友。如果因防备别人的"侵害"而不交朋友，也就无朋友可交，无愉快可谈。没有朋友，不仅遇到难事无人相助，也无法找到可以一吐为快的对象。把心中的苦楚讲给知心人，能让我们得到安慰，甚至能够得到对方的出谋划策，你的心情会像打开了一扇门一样明朗。

3. 宽以待人。

人与人之间总免不了有这样或那样的矛盾产生，朋友之间也难免有争吵、有纠葛。只要不是大的原则性问题，应该与人为善，以宽大为怀。绝不能有理不让人，无理争三分，更不要为一些鸡毛蒜皮的小事争得脸红脖子粗，甚至拳脚相加，伤了和气。我们应该有那种"何事纷争一角墙，让他几尺也无妨，长城万里今犹在，不见当年秦始皇"的博大胸怀和高风亮节。

4. 憧憬未来。

追求美好的未来是人的天性，也是人类生存和社会进步的动力。只有经常憧憬美好的未来，才能始终保持奋发进取的精神状态。不管命运把自己抛向何方，都应该泰然处之。不管现实如何残酷，都应该始终相信困难即将被克服，曙光就在眼前，未来会更加美好。

在历史长河中，能乐观面对困难的志士仁人并不鲜见。

在海上航行数月而一无所获后，哥伦布的船员们被逼到了绝望的边缘，他们忍受着疾病的折磨和茫茫大海发出的无声的恐吓，最终联合起来，反抗船长。哥伦布许诺，再航行一周，若还是见不到大陆就回头。殊不知打一开始，哥伦布就将实际航程减少后，再告诉船员们，只有他自己知道船究竟走了多远，只有他自己知道他们的处境有多么危险，只有他自己知道再继续往前，不是大陆便是地狱。但是，他却成了最乐观的人，他依旧期盼着前方的大陆，依旧微笑着坚持向前——于是，他发现了美洲。不论是用乐观发声的贝多芬，还是在黑暗中寻找光明的海伦·凯勒，都曾用一生的拼搏与成就，诠释着乐观面对困难的真理。大家知道，著名演说家尼克·胡哲是一个乐观面对困难的人。如今的他阳光开朗，励志乐观——他可以和朋友来一场高尔夫球比赛，争个输赢；他可以和家人谈天说地，忘记烦恼；他甚至可以站在最高的讲台上，用最洪亮的声音，讲述充满感染力的故事！他比我们当中的太多人要优秀，但我们无论如何都想象不出，如此伟大的人物，竟然是个生来就没有四肢的残疾人，竟然是个十岁时便尝试自杀的自卑者！可是，人生就是一面镜子，你对着镜子做出笑脸，人生便会还你一张笑脸。胡哲便是这样一个对生活微笑的人，最终，乐观的他改写了自己人生的悲剧剧本，走出了命运的阴影，来到聚光灯下，成为人生喜剧的主角！他的个头矮小，却阻挡不了他成为精神的巨人！如此人格，真让那些消极厌世的弱者羞煞、愧煞！

当然，要乐观面对困难，并不是盲目乐观，自欺欺人。我们不应该只求心平气和而不思进取。其实，乐观便是无所畏惧，而后战胜困难。正如贝多

自己挠痒自己笑

芬所言："我已经决心和自己的命运尽力战斗，无论如何不愿自己破灭。"所以，乐观面对困难，穿越人生的沙漠，才能笑看人生的椰枣树。

乐观是一种气质的展现，只要你欢愉，只要你开朗，就会有乐观的人生。如果你是一个乐观的人，任何时候都不会被难过纠缠，不会被悲观压抑，不会向沮丧屈服，不会被矛盾左右，终生意志坚定，信心永恒。

第三节　正面思维，绝不气馁

　　正面思维，是指人在处理任何事情时都能以积极、主动、乐观的态度去思考和行动，并促使事物朝着有利的方向转化的思想。正面思维会使人在逆境中更加坚强，在顺境中脱颖而出，变不利为有利，从优秀到卓越。从认知上改变命运，是事业成功和实现自我的有效途径，它的本质是发挥人的主观能动性，挖掘潜力，体现人的创造性和价值。

　　有位秀才，第三次进京赶考，住在一个经常住的店里。考试的前两天，他做了三个梦，第一个梦是梦到自己在墙上种白菜，第二个梦是下雨天他戴了斗笠还打伞，第三个梦是梦到跟心爱的表妹躺在一起，但是背靠着背。这三个梦似乎有些深意，秀才第二天就赶紧去找算命的解梦。算命的一听，连拍大腿说："你还是回家吧。你想想，墙上种菜不是白费劲吗？戴斗笠打伞不是多此一举吗？跟表妹躺在一张床上了，却背靠背，不是没戏吗？"秀才一听，心灰意冷，回店收拾包袱准备回家。店老板非常奇怪，问："不是明天要考试吗，你怎么今天就回乡了？"秀才将算命的对他说的话对店老板说了一遍，店老板乐了："哟，我也会解梦的。我倒觉得，你这次一定要留下来。你想想，墙上种菜不是高种吗？戴斗笠还打伞不是说明你这次有备无患吗？跟你表妹背靠背躺在床上，不是说明你翻身的时候就要到了吗？"秀才一听，觉得更有道理，于是精神振奋地参加考试，居然中了个探花。

　　看问题的角度不一样，对待事情的情绪不同，很多时候能决定事情的结果。想法决定生活，有什么样的想法，就有什么样的生活。

正面思维不只是一句口号，它也不应该仅仅停留在思维意识阶段。判断一个人是否具备正面思维，要去观察他日常行为中的一举一动。我们看到，那些具备正面思维的卓越员工，他们总是立足当下，活在未来：不认为是在为老板工作，而是在为自己工作；不去找借口，只为结果而奋斗；不去徒劳地抱怨，而是感恩自己拥有的一切；不是只因成功才快乐，更懂得去快乐工作，在快乐中创造成功……

在不少人的惯常思维中，都将"活在当下"当作自己的座右铭。乍一看来，似乎这种思维方式也没有什么不妥。我们可以把"活在当下"的范围缩小到"活在今天"，认真地过好每一天，踏实地走好每一步，厚积薄发，最终收获一个美好的未来。

然而，尽管活在当下或许是一种无可厚非的好的生活态度，但对于职场中的人而言，却是一种负面的思维方式，它会让人只是着眼于现在甚至过去，满足于既有成绩，而难以妥善应对变幻莫测的未来形势。正面的思维方式，应当是——立足当下，活在未来。

我们正处于一个飞速发展的知识经济时代，变革与创新是永恒的主题，任何人都无法将自己置身于这种洪流之外，整个社会日新月异，一日千里。作为其中的个体，我们只有具备充分的紧迫感与未来意识，才能够让自己在未来的激烈竞争中不掉价，才能不被时代淘汰。

如果你不去展望未来，不考虑未来世界的发展方向，那么你今天的努力就可能大打折扣，你离梦想可能会越来越远。而那些"活在未来"的人，却不会为现有的各种固有思维所羁绊，他们敢于冲破现有的一切，勇于创新，善于打破常规，因而往往能够出奇制胜。

20世纪50年代，松下电器公司积压了大量的电扇卖不出去，厂内7万多名职工为了打通销路，群策群力，却依然进展不大。在当时，全世界所有家电公司生产的电扇都是黑色的,松下电器公司生产的电扇自然也不例外。有一天,生产车间的一名装配工川口望着漆黑如墨的电扇,不禁抱怨道:"为什么都是单调的黑色,要是能换一种颜色该多好。"旁边的工友们听到他这句话,纷纷大笑,并试图纠正他:"电扇从来都是黑色的,电扇要不是黑色的,那还是电扇吗?"川口听了,也跟着大笑了起来,觉得自己的想法真是异想天开。可是,一旁恰巧经过的董事长却因为这一番话陷入沉思之中。

不久,松下电器公司就推出了一批浅蓝色的电扇,结果大受顾客欢迎,甚至还掀起了一场抢购热潮,在短时间内就卖出了几十万台,一扫往日产品滞销的局面,松下电器公司也因此而获得了巨大的经济效益。从此以后,在日本乃至全世界,电扇也就不再是一副统一的黑色面孔了。

川口以及其他工友都觉得"改变颜色"是异想天开,而松下电器公司的董事长显然具有强烈的未来意识,能够从现有的观念中看到未来的前景,并进行新的尝试。他的这种正面思维,让松下电器公司一改销售上的颓势,在市场上收获了巨额回报。

由此可见,作为个体,只有具备充分的紧迫感与未来意识,才能够避免自己在未来的激烈竞争中被淘汰。

1994年诺贝尔文学奖获得者、日本作家大江健三郎曾经说:"许多人都认为是生活在现在,生活在当下,其实不然,我们吃饭,工作,行走,写作,都是在为未来做准备。"以一种正面的思维,在自己力所能及的范围内,进行自我更新,自我蜕变,不断超越自己,引领自己的未来,才能让自己在未来的发展道路上不被动,主动地迎接工作中的未知挑战。那些"活在未来"的人,总会在工作中充满紧迫感、上进心与超前意识,这些思维方式显然更有助于人们取得卓越的成绩。

美国商界精英鲍伯·费佛就是这样一个人。他在每一个工作日所开始的第一件事,就是将当天要做的事分为三类:第一类是所有能够带来新生意、增加营业额的工作；第二类是为了维持现有状态，或使现有状态能够持续下去的工作；第三类则包括所有必须去做，但对企业和利润没有任何价值的工作。

通常，在完成第一类所有工作之前，鲍伯·费佛绝不会开始第二类工作，而在完成第二类全部工作之前，他也绝不会着手进行任何第三类的工作。"我一定要在中午之前将第一类工作完全结束"，鲍伯这样要求自己，因为他认为上午是自己最清醒、最有效的工作时间。

"你必须坚持养成一种习惯：任何事都必须在规定好的几分钟、一天或一个星期内完成，每件事都必须有一个期限。如果坚持这么做，你就会努力赶上期限，而不是无休止地拖下去。"鲍伯这样说。

他认为，每件事情都必须有一个期限，给自己一种紧迫感，从而去积极应对来自未来的挑战。

所以说，不论是从思维的角度，还是从适应职场竞争、更好地生存的角度，我们都应该更具前瞻意识，努力让自己"活在未来"，处处快别人一拍。去想象一下自己未来的辉煌，并在大脑中描绘出一幅清晰的理想蓝图，想象那一天已经来临。这样的话，久而久之，这种梦幻中的蓝图就会真的转变为现实。

"没有任何借口"，这个观点一直是美国西点军校200多年来奉行的一条最重要的行为准则，也是西点军校传授给每一位新生的第一个理念。它强化的是每一位学员要想尽办法去完成任何一项任务，而不是为没有完成的任务去寻找借口，哪怕是看似合理的借口。

"无论做什么事情，都要记住自己的责任，无论在什么样的工作岗位上，都要对自己的工作负责。因此，在我提拔的所有干部中，我必须挑选不找任何借口完成任务的人。"乔治·巴顿将军是这样说的，他也是这样做的。

1916年，美国墨西哥远征军的总司令是潘兴将军，当时巴顿还只是他的副官，在执行完一次送信任务后，巴顿将军在他的日记中这样回忆道：

"有一天，潘兴将军派我去给豪兹将军送信。但我们所了解的关于豪兹将军的情报只是说他已通过了普罗维登斯西区牧场。天黑前我赶到了牧场，碰到第7骑兵团的骡马运输队。我要了两名士兵和三匹马，顺着这个运输队的车辙前进。走了不多远，又碰到了第10骑兵团的侦察巡逻兵。他们告诉我们，不要再往前走了，前面的树林里到处都是维利斯塔人。我没有听，沿着峡谷继续前进。途中遇到了费切特将军（当时是少校）指挥的第7骑兵团和一支巡逻队。他们劝我们不要继续往前走了，因为峡谷里到处都是维利斯塔人。他们也不知道豪兹将军在哪里。但是我们继续前进，最后终于找到豪兹将军。"

在任务面前，不找借口地去执行，巴顿将军可以说是一个典型代表。而在"没有任何借口"这一理念的指引下，西点军校培养出来的学员显然也是出类拔萃的。据统计，自建校以来，西点军校先后为美国培养了3位总统、5位五星上将、3700名将军以及无数精英人才。在企业界，自第二次世界大战以来，在世界500强里，西点军校培养出来的董事长有1000多名、副董事长有2000多名、董事与总经理有5000多名！

在今天，"没有任何借口"早已不再仅仅是西点军校的办学理念，而是不断被发扬光大、不断被赋予新的内涵，在职场上，这一理念更是被赋予了独特而又重要的意义。任何企业的发展都不可能是一帆风顺的，总会遇到这样或那样的问题。因此，越来越多的企业将这一理念作为对员工进行考核的一个标准。

然而，令人遗憾的是，在当今的职场中，我们经常会听到这样或那样的借口。借口在那些平庸的员工眼里就像家常便饭，它们好像是"理智的声音""合情合理的解释"。

上班迟到了，会有"路上堵车""手表停了""今天家里事太多"等借口；业务拓展不开，工作无业绩，会有"制度不行""政策不好""客户难以接近"或"领导没有全力支持"等借口。

事情做砸了有借口，任务没完成有借口。只要去找，借口无处不在。做不好一项工作，完不成一项任务，都有成千上万条借口可找，抱怨、推诿、迁怒、愤世嫉俗都成了最好的自我解脱。有多少人把宝贵的时间和精力消耗在了如何寻找一个貌似合理的借口上，而忘记了自己的职责和使命！

这些借口虽然能让人暂时逃避困难和责任，获得些许心理的慰藉，但是，借口的代价却远比因借口而得到的暂时的安适要高得多。你或许会因此失去领导对你的赏识，或许会因此失去同事们对你的信任，或许会因此失去升迁或加薪的机会，这些都会让你成为领导和同事眼中最不受欢迎的人。

而不用借口推脱责任，带来的结果恰恰相反。不需要任何借口地去做事情的员工，他们身上所体现出来的是一种服从，一种诚实的态度，一种负责敬业的精神，一种完美的执行力，一种正面思维的力量。这类员工在面对问题与挑战时，总是能够以"没有任何借口"的心态来应对，这种员工也更容易在工作中取得优良的业绩，最终收获想要的结果。

因此，我们一定要抛弃这些滋生借口的温床，与动辄为自己寻找借口的这种负面思维方式说"Bye bye"，并不断地告诫自己：你是在公司里为自己做事，你的产品就是你自己，树立自己的品牌是你必须要做的，要结果不要借口。

在工作中，你只有两种选择：要么努力挑战困难以期达到预定的结果，要么避重就轻推脱责任找借口。前者可能带来成功，而后者只会走向失败。从本质上说，这也是正、负面思维方式所导致的不同结果。

你是为成功而快乐，还是因快乐而成功？

如果你的回答是前者，那么你是个负面思维者；如果你的回答是后者，那你就是一个正面思维者。

美国最新的心理研究指出，快乐是成功之母。无独有偶，我国著名作家余秋雨也这样说过："都说成功了人才快乐，我说人是因为快乐才成功的，成功的人往往是那些不去刻意追求成功的人。"

现实中，很多人常常认为只要准时上班，按点工作，不迟到，不早退就是完成工作了，就可以心安理得地去领工资了。而有着负面思维的人，更是把工作看成是人生中的一种负累，一种不得已而为之的谋生手段。无论是哪一种人，都会死气沉沉地使工作被动完成。这种工作态度，不但无益于工作的高效顺利完成，而且是一种对自己不负责任的生活态度。

其实，工作就是工作，它永远不可能像休闲度假一样充满新奇和喜悦，关键是你要转变自己的思维方式，善于在工作中寻找并创造乐趣。具备正面思维的员工，就像快乐的出租车司机一样，无不将工作当成一种乐趣。他们为工作投入全部激情，勇于尝试，这时所有的困难都会变得容易起来，工作对他们来说，反而成了一种快乐和享受。他们在心情愉悦的同时，也能将工作做得更出色，做得让公司、让老板、让客户都更满意。

第四节　心态平和，固守快乐

西方有这样的一句谚语："想要一个人毁灭，那就先让他疯狂吧！"细细品味，不难理解，因为坏情绪足以毁灭一个人，而拥有好的心境却能创造出美好幸福的人生。这正是所谓的"人生最大的敌人不是别人，而是自己"。

有不少人在微不足道的困难面前唉声叹气，怨天尤人，自暴自弃，甚至毫无目的地四处宣泄，缺乏战胜困难的勇气和坚持不懈的毅力，常常是跌倒了就再也站不起来。其实他们并不是没有站起来的能力，而是失去了站起来的自信心。

佛曰："一切以平常心待之。"然而环顾左右，却发现很少有人能做到这一点。如果我们每天听到的是抱怨，看见的是不满，久而久之，不仅自己心情不愉快，工作效率大打折扣，身边的人也会成为无辜受害的"替罪羔羊"。

不少人有这样的心理：当灾难降临的时候，会说"为什么偏偏选择了我"，而当幸运来到时，却缄口不言了。同样道理，我们每天固然要面对重复而烦琐的工作，但也总有让我们欣慰开心的事吧？如果我们能把自己的注意力多转移一份到愉快的事上，比如家人的关爱，孩子微小的进步，昨天的成功，先给自己创造一个愉快的心情，再静下心来井井有条地处理日常工作，这样不是要比先抱怨一通，把自己的心情搞得一团糟，然后手忙脚乱地应付工作要好得多？

心灵的平静和满足是从哪里来的？就从我们日常生活中的一点一滴中来。

在工作中，只要我们能放下不满情绪，静下心来，调整好自己的心态，面带笑意，认真对待手头的工作，不仅工作游刃有余，而且在同事间也会产生正面的"蝴蝶效应"——以我们的微笑引来大家的微笑，进而带给同事温暖的感觉，让办公室也充满轻松的气氛。

在进家门的一刹那，把烦恼关在门外，把微笑带回家。为什么要把自己的坏情绪传染给自己最亲近的人呢？

良好的生活状态从改变心态开始。如果我们能以平常心待人，以平常心做事，就会发现自己慢慢地拥有了一个全新的自我。

当沐着冬日暖暖的阳光，轻松地走在大街上，看着南来北往的人在眼前闪过时，心态平和的人就会感觉生活是如此美好而幸福。干枯的树枝仿佛在对自己舞蹈，陌生的路人仿佛在对自己微笑，天真的孩子穿着厚厚的棉衣脚步蹒跚地扑向母亲的怀抱，一对已近不惑之年的夫妇相扶相携着喃喃低语，这一切不就是生活的丰富多彩和人生的快乐原色吗？

仔细想想，我们有健康的身体，可以自由地上网，可以与同学、朋友一起逛街，想某个人了，可以轻按手机键，用文字送去自己的想念；想写东西了，只需轻触键盘，思想便在屏幕上慢慢流淌；累了，乏了，想找人说话了，只需放下手头的活计，找上自己喜欢的人尽情聊个够。忘掉不快与无奈，消灭阴云，把自己的心放在阳光下晾晒，潮湿的心便会温暖而又满足，幸福便自然而然地满溢。

心理学家告诉我们：把别人想象成天使，你就不会遇到魔鬼。这个经验绝不是随口说说的，而是建立在科学实验基础上的。

曾有心理学家做过这样一个巧妙的实验：实验人员让两组参加实验者给同一位女士打电话。告诉第一组的人说：对方是一位冷酷、呆板、枯燥、乏味的女人。告诉第二组的人说：对方是一个热情、活泼、开朗、有趣的女人。实验结果发现，第二组的人与那位女士的交谈非常投机，通话时间也明显比第一组的人要长，而第一组的人很难与那位女士顺利地交谈下去。这是为什么呢？道理很简单，第二组的人把那位女士想象成一个幸运的"天使"，把她看作是一个"热情、活泼、开朗、有趣"的人，并以同样的态度与之交往，而第一组则相反。

其实，在人际交往中，人们都有保持心理平衡的需要。你怎么看待别人，别人就会怎么看待你。否则，对方就会感到不平衡。所以，如果你事先对别人有一种消极的看法，那么，这种看法势必会无意识地流露出来，并或多或少表现在你的语言和非语言的信息上。而当对方察觉到你发出的信息后，也会做出相应的反应。有人曾经这样说：你对别人的态度和别人对你的态度事实上是一样的，我们往往能够从别人的脸上读到自己的表情。

每个人，都希望在交际中获得成功，都希望遇到天使，成功的关键在哪里呢？就在于调整自己的心理和态度，用平和的心态待人。

保持平和的心态，不但有益于身心健康，而且是快乐之源，世人皆知。然而，若问如何才能保持平和的心态，却言人人殊：或曰知足常乐，或曰随遇而安，或曰淡泊寡欲，或曰与世无争……总的来说，要想保持平和的心态，其根本是要搞清自己在社会中的位置，并且认清自己的价值。

人在社会中的位置与其自身的价值往往并不相等。一个满腹学问的人，可能只是个打工者，而一个没读几天书的人，则可能是他的老板；一个德才兼备的人，可能只是个办事员，而一个昏庸无能、品质恶劣的人则可能是他的领导……此类例子多得如山上的野草，不但难以计数，而且不论何年何月，均难以穷尽。位置与价值的不相等，会使一些人觉得自己屈居人下，愤愤不平或自暴自弃。因此，我们须把自己在社会中的位置与自己的价值分开来看，才不致产生这种对身心健康和事业不利的心理。

在等级分明的社会，一个人所享受的待遇和出门办事、参加社会活动所受到的礼遇，均由其等级决定。他才高几斗也好，学富几车也罢，在他的才学尚未使自己所处的社会地位提升，准确地说，即尚未使自己的级别提高、头衔增大之前，亲朋好友也许会对他表示欣赏和尊重，但社会不会破例让他享受更高级别的待遇。比如一个普通职员，尽管他在某方面的才能远远超过其上司，但他与上司每到一处，只会被人视为陪同人员，而开会、赴宴，排名就座都要在上司之后，这是因为他的地位已被等级分明的社会框定。一个已经卸任的官员，别人对他不会像以前那样敬畏，而他原先享有的种种特权，也大多失去，这是因为他在社会中的地位已经有了改变。若是他们搞不清自己在社会中的地位，觉得自己不应受到如此待遇，心中自然要感到委屈与不平。我们经常听到一些遭了冷遇或某事未办成的人愤愤地说："我要是某长，他敢这么对我吗！"这便是未搞清自己在社会中的地位的表现，若是他能反过来想"正因为我不是某长，人家才会如此对我"，自然就会心平气和。

搞清自己在社会上的地位，并非意味着安于现状，一切听凭命运的摆布，而是说能更好地认清自身的价值。如果自己一无所长，没什么过人之处，以"知足常乐，能忍自安"或"与世无争，得过且过"自我安慰，也不失为一种保持心态平和的好方法。若是有一技之长，或者学有专精，那便是自己的价值所在。

第五节　远离烦恼，庸人自扰

做人难，难做人。

到底我该拿什么来爱你？我的明天。

岁月留痕，透过现实探寻生活的本质，追求的无非是一种"我心快乐"的境界。在生活里，有些烦恼来自现实物欲的诱惑与贫富悬殊的压力。对应来看，看破红尘、随遇而安看似有点颓废，但在渴望幸福与温暖的路上，学会淡化烦恼，以一种平静安好的生活状态，细水长流，倒也优哉乐哉。

人生面对的烦恼总有那么几个阶段，少年时，为了学业更进一步，十年寒窗，几度欢喜几度忧。无奈理想终究敌不过生活的困境，从学海跨进商海浪潮。转眼间，为了事业有成，拼搏奋斗，尝尽金钱面前的世故人情。烦恼在哪儿？尽在人情似纸张张薄。奈何为求生存发展，即使人生路坎坷，亦能随波逐流进取着。久而久之，只能以麻木的心笑看红尘是非，几度烦忧几度愁。一路走来，感悟岁月就是人生最好的教科书，它锤炼了一个人的意志与人生观，使人越发地看彻，看透。并且，在父母无微不至的照顾与关怀中，再大的烦恼也会被"父如山，母如海"的恩情化解。因此面对烦恼，也能安心对待。然而，岁月不饶人，人总是从一个驿站走进另一个驿站，无暇止步，不觉已到而立之年，娶妻生子步入不惑之驿站，当繁杂浮躁退去，岁月遗留下人性的成熟，悟破名利若过眼云烟，习惯为心海独留几分清静，几分安好。当年少青春的烟火绽放过后，绚丽多姿的精彩转眼只成回忆。社会行业间的残酷竞争，面对现实生活的压力，不惑之年里，真正的烦恼才刚刚真真实实地降临，上有老弱病缠，下有儿女初长，自身精力水平下降，竞争风暴中的事业平台是否稳固？一切的一切，烦恼接踵而至。繁重，劳累，焦虑，居安思危，茫然无措，大大小小的琐碎事总是缠绕心头，与烦恼做伴。然而，活在当前，作为一个家庭的主角，顶梁柱，一切只能以经济为中心，以尽心、尽责、尽孝和担当为基本点，怀抱一份良好心态，运筹帷幄，目的也就是为了让家人的生活过得舒心些，清心些，安心些，快乐些，幸福些。因此，即便再烦恼，再绞尽脑汁，有些事我们依然不得不去面对，虽然偶尔也会事与愿违。所以，不惑之年，应该感悟何必，懂得因果，难得糊涂，忘却烦恼，制造幸福，舍得放下。

人生烦恼无数，源自心理、生理、社会、自然等方面。为了解决烦恼的症结，首先我们得想办法认识它，透视它，找到它的根本源头，然后对症下药解决它。而对心灵来说，幸福来得太少，显得异常珍贵。人奋斗一辈子，如果最终能挣得个终日快乐，就已经实现了生命最本质的价值。有的人本来幸福着，却看起来很烦恼；有的人本来该烦恼，却看起来很幸福。活得糊涂的人，容易幸福；活得清醒的人，容易烦恼。这是因为，清醒的人看得太真切，有太多的不舍，生活中便会烦恼遍地；而糊涂的人，计较的少，虽然活得简单粗糙，却因此觅得人生的大境界。当我们阅尽世事，一路走过俗世的繁华与喧嚣，懂得了人生的阴晴圆缺，名利无非过眼云烟。也许放下包袱，捧起自信，握紧幸福，再苦也能笑对人生。

人生目标的意义在于追求完美的人生，与之对立的是人生的烦恼。烦恼本身就是负累的一种表现，累是盲目追求的结果，它与幸福和快乐成正比。老子云："有无相生，难易相成，长短相形，高下相盈，音声相和，前后相随，恒也。"烦恼人生，人生烦恼，恒也！明白了这一点，用一颗平常心去看待世间万生万物，也就不会有太多的烦恼。于是，持平常心，走坎坷路。烦恼、痛苦、挫折本是人生的组成部分，正如丑也是美的组成部分，死也是生的组成部分。没有崎岖坎坷不叫攀登，没有痛苦烦恼不叫人生。且不说"生于忧患，死于安乐"，就说这缺少烦恼的生活，太安顺也许就要淡然无味、无聊得多。生活嘛，总是通过烦恼来鉴别欢乐，通过酸涩来消化生活，通过不幸来体现幸福。没有了这些负面因素，我们不会强烈地认识到生活的美好与珍贵，不会更加珍惜手中拥有的，也不会产生无穷的勇气和智慧去克服困难。所以，人长大了，责任就增加了，压力也就大了，我们会发现不公平的事情实在太多，于是心里容易不平衡，烦恼也就来了。人生旅途必不可少的是烦恼，失意，痛苦，欢聚，分离。正如生活里缺一不可的衣食住行，柴米油盐酱醋茶。因此，没有坎坷的人生是不完整的人生。我们要真正摆脱烦恼和苦闷，就得摆正位置，调整心态，这才是关键，如此才能重新找回生活的乐趣与幸福，还一份恬静自我与自由自在。

对于无奈的烦恼，就得在烦恼中寻求快乐，减减压，为的是一个自我解脱、自我释放的心态。张学友的一曲《烦恼歌》，给人忘却烦恼，重新快乐的启迪："过重的背包，过度的暴躁，什么都不要。不和谁比较，不和谁争吵。过分思考，庸人自扰。别庸人自扰，一切轻于鸿毛，才能消灭烦恼。"远离烦恼就是快乐，能远离烦恼就是智慧，能享受快乐就是福。与其为烦恼而烦恼，不如主动用快乐驱赶烦恼。

在生活中，有各式各样的问题使人沮丧、悲哀、痛心、寂寞、内疚、懊恼、愤怒、恐惧、焦虑甚至绝望。所有这些情绪，都让我们心乱如麻，这种感觉比身体上的痛更令人难以忍受。

一个人坐在公园里抽烟，陷入深深的苦闷里。一位牧师来到他的身边："你一定有什么解决不了的问题吧？说出来让我帮帮你。"这个人看了牧师一眼，冷冷地说："我的问题很多，我厌倦了，没有人能够帮我。"牧师把自己的名片留下，约这个人第二天见面。出于好奇，这个人如约而至。牧师把这个人带到教堂后面的墓地里，指着一片墓碑对他说："你看，这里所有的人都没有任何问题。"

是啊，只有在地下躺着的人，才不会有任何问题去烦恼。这是个伟大的真理。一旦真正想通了这层道理，我们就能超越它。一旦真正了解并且接受了人生困难重重的事实，我们就不会那么耿耿于怀，人生也就显得不那么多灾多难了。

什么才是没有问题的生活呢？想来应该是一生都顺顺当当，心想事成。所遇到的都是好人，凡发生的都是好事，考试从来都是以满分通过，工作刚一着手就已经完成。可是这种"没有问题"的生活，可能存在吗？

大部分人没有意识到这个事实。他们不断怨天尤人，要不就自艾自怜，仿佛人生本来应该既舒服又顺利似的。他们坚持自己的难处与众不同，认为所有最难以想象的困难总是降临在自己身上，甚至他们所处的社会阶级、国家和民族上，而其他任何一个人偏偏都能得以幸免。

解决人生难题最重要的工具是自觉。某方面的自觉只能解决一部分的问题，唯有完整的自觉才能解决全部的问题。每天都有问题来麻烦我们，有很复杂的问题需要我们解决，只能说明我们真实地活在这个世界上。

问题层出不穷，唯有想办法解决问题，才有出路。有些问题是我们自己造成的，有些则是受别人的影响，但不管是哪一类问题，我们都要尽快解决。否则等最后问题堆积如山之时，无论我们有多少机会，都已经没有能力把握一切了。

明朝有一个举孝廉之人名叫陈琮，性情洒脱。他曾在一个叫二里冈的地方建了一所别墅。这地方虽靠近城外，但还是在城的北面，别墅前后密密麻麻，排满坟墓。有人到他别墅拜访后说："眼睛每天看的是这些东西，心情肯定不快乐。"而他却笑道："不，每天都看这些东西，就使人不敢不快乐！"

当我们遇到问题时，可以对自己说："这个问题需要我解决，说明我能够解决。如果不能解决，说明它本来就是留待将来解决的。"

有一个年轻人开车在山里游玩，结果迷路了。这时，他看到一辆车陷在泥坑里，怎么也无法挣扎出来。站在路边的中年人挥挥手要求搭车，他请他坐了上来。这位中年人告诉他，他住在山下的一个镇上，是到山里水库来钓鱼的，但运气特别不好：车子的轮胎在路上爆了，换备用轮胎耽误了一个小时，来到水库以后，钓鱼竿又被水底的树根挂住，拉断了，返程时车又陷在了泥坑里，所以只好搭车回家。在中年人的引领下，年轻人把车开到了镇上。到了家门口，中年人邀请他进去坐坐。来到门口，满脸晦色的中年人并没有马上走进去，而是站到门口，伸出双手，抚摸门旁一根突出的栅栏。打开门，中年人笑逐颜开地和孩子紧紧拥抱，又给妻子一个热吻。然后，中年人高高兴兴地向家人介绍这位新朋友，并请他吃了一顿饭。这个年轻人离开的时候，中年人送他出来。他问中年人："刚才你在门口的动作，有什么用意吗？"中年人回答："这是我解决烦恼的方法。我在外面时，总是能遇到不顺心的事情，可是烦恼不能带进门，不能带给老婆和孩子。我就把它们挂在门口，准备明天出门再带走。等到第二天我来到门口时，烦恼已经不见了。"

这位中年人把烦恼挂在门外的方法，就是情绪的积极转移，即通过自我疏导，主观上转移自己的注意力，把烦恼慢慢抚平。我们可以从中得到很有意义的启发。当我们遇到烦恼，郁闷不解时，如果爱好文艺，不妨去听听音乐，跳跳舞；如果喜欢体育运动，可以打打球，游游泳，借以放松一下绷紧的神经；或者听一场幽默的相声，或者看哑剧，再或者滑稽电影；如果我们天生好静，可以读些内容轻松愉快、风趣的小说和刊物。

不管是哪种方式，我们根据自己的兴趣和爱好，都可以在自己喜爱的活动中找到把烦恼挂在门外的"栅栏"。如果一件烦恼的事情发生后，我们时时把它牢记在心里，随时带着它，那我们就是铁了心与自己过不去，还是及早去为家人多买几份人寿保险的好。

烦恼是心灵的不速之客，总在不经意间来拜访我们。在发现它已经登堂入室的时候，我们虽然明知道没什么大不了，它一定会走，但当下却束手无策，无法摆脱烦恼的羁绊。

每个人都有一套对付烦恼的办法，有人凭意志来抵抗它，有人靠酒精来麻醉它，大多数情况下我们会刺激或放纵一下自己，比如酒精疗法、电话疗法、购物疗法和性爱疗法，靠感官的刺激来淹没它……

这些可能都有效，但却不是最好的办法。严格来说，刺激也是一种有益的感觉，但几乎与所有的感觉一样，分量与效果有着极大的关系。过度的刺激不但会损害健康，而且会使感官对一切快乐变得麻木。

几乎所有人都认为，烦恼对自己来说都是那么实实在在，似乎永远也无法避开，也无法逾越！就像赵传的歌里所唱："世界是如此的小，我们注定无处可逃。"

但是实际上，现实生活中，我们所遭遇的烦恼，将近一半来自头脑的想象，而剩下的一半，只需用一点力量把它和问题剥离开来，然后避开它就是了，这就是远离烦恼的智慧。

在烦恼面前，我们可以是弱者，也可以是强者，但绝不能把自己关在幽怨的黑屋子里折磨自己，走出困境的第一步是避开，晒晒太阳，吹吹风，和朋友聊聊天，暂时忘记它，甚至永远忘记它。随之而来，我们会豁然开朗，获得自信。

那么具体来说，我们又该从哪里避开烦恼呢？

1. 彼此交流。

通过彼此的交流，让自己避开烦恼，是一种相对有效的办法。如果我们正处于烦恼中，说出来，可以让我们更深入地看到自己的问题，更彻底地把烦恼和问题分离开来。

假如我们每人手里有一只苹果，交换之后每人手里仍然只有一只苹果，可是如果我们交换的是方法，那么我们每个人都会得到两个以上的避难所。

瑞士物理学家席勒说："世界上唯一能够成倍地增加幸福的办法就是将其分享。正如我们希望与人分享快乐一样，我们有时也需要与人一起分享烦恼。"

2. 拥有智慧。

避开烦恼的另一个避难所是智慧。智慧让我们明白是什么样的魔鬼纠缠着我们。找出问题的症结，我们就可以采取现实的态度去对付它了。很多时候，我们的烦恼缘于对自己的要求太多，如果不合现实的欲望总是不能得到满足，自然会心生烦恼。

我们还可以去别人的智慧里避开烦恼。准备一本能够提供智慧的剪贴本，贴上自己喜欢的可以鼓舞我们的诗歌或是格言。这样，当我们感到精神颓丧时，可以马上找到别人的智慧，在面对同样问题时的反应里，找到有效的药方。在生活中，很多人都有这种剪贴本保存好多年。他们说，这等于是替自己在别人的智慧里找到了一个避难所。

3. 保持乐观。

法国作家阿兰在论述把快乐的智慧用于和烦恼做各种各样的斗争时说："烦恼是我们患的一种精神上的近视症，应该向远处看，保持积极乐观的心态，这样我们的脚步会更加坚定，内心也就更加泰然。"

比如，刮台风下大雨的时候，我们正在街上，把雨伞打开就够了，犯不着去说："该死的天，又下雨了！"这样说对雨、云和风都不起作用。我们不如说："多好的一场雨啊！"这句话对雨同样不起作用，但是它对我们自己有好处，同时也可以把快乐传递给别人。

一位外国大提琴家童年的故事就是一个绝好的例证：

有一天，一个小孩拖着比自己身体还高的大提琴，在走廊里迈着轻快顽皮的步伐，显然心情好极了。一位老师见到后问他："孩子，你这么高兴，是不是刚拉完大提琴？"小孩的脚步并没有停下："不，我正要去拉。"

这个小孩懂得一个许多大人不懂的道理：音乐是一件令人欢乐的事情，而不是我们不得不做的、必须忍受的工作。后来这个小孩成为一位出色的大提琴演奏家。

4. 宽容平和。

通常烦恼者只看得到自己的烦恼，于是怨天尤人抱怨命运。可是如果我们有意识地变换角度，用一种宽容的态度去想想对方，也许会得出不一样的结论。人的心理非常微妙，所有的处方都不具有大众性，每个人的烦恼绝对是个例外，但为什么不能尝试用宽容的态度理解事由，挽救我们低落的情绪呢？

5. 运动遗忘。

人活着就要运动。坐久了，会变成植物；躺久了，会变成矿物。而且，通过运动来忘记烦恼，也是避开烦恼的一个值得一提的方法。

当我们运动时，肉体疲倦了，精神却随之得到了休息。那些运动可能是跑步，或是徒步到郊外，或是打半小时的沙袋，或是打篮球。不管是什么，体育运动使我们的精神为之一振。

工作在城市里，倒是没必要每天到俱乐部、健身房去待上几个小时，也没必要一定要去打高尔夫球或者去滑雪，我们只需要做些运动就可以。例如，在公园里跑一圈，打一场乒乓球，或者去爬山。等到肉体疲倦了，烦恼的大山很快就变成微不足道的小山丘，精神也随之得到休息。当我们运动过后，回来时，就会精神清爽，充满活力。

在运动中，我们忙得没时间烦恼，新的灵感和决心很容易就会出现。

一位实用心理学的权威曾经说："行动似乎是随着感觉而来，可是实际上，行动和感觉是同时发生的。如果我们能够使自己在意志控制下的行动规律化，也能够间接地使不在意志控制下的感觉规律化。"

我们说运动是烦恼的最佳"解毒剂"，其科学依据就在这里。

我们也许可以坐在沙发上改变自己的烦恼，但当我们改变身体的动作时，自然而然会改变我们的感觉。如果感到不快乐，那么快乐的方法，就是振奋精神，运动起来，让身体处于感到快乐的状态。

当我们烦恼时，多用肌肉，少用脑筋。这种方法对所有还能从床上爬起来的人来说，都是很有效果的。

在很多离婚案中，双方并没有原则上的冲突，只是小小的争吵和怀疑，导致感情的裂痕越来越大，直到无法挽回。

一些社会学家发现，夫妇年龄差在7岁以上的婚姻稳定性非常强，其中尤以9~10岁最佳。究其原因，最主要的就是能够谦让，当一方有火气时，另一方总是能够以孩童般的处理方式冷却，一笑了之，并且能够很快淡忘，不让鸡毛蒜皮的事影响人世间最重要的两件珍宝——快乐和健康。

在烦恼之际，我们如能多想想禅师的话"我不是为了烦恼而种兰花的"，然后反思一下自己，是不是"为了烦恼而做事""为了烦恼而交朋友""为了烦恼而养育儿女"，诸如此类的问题。如果我们把那棵快乐的兰花栽种于心田，拥有了蕙质兰心，我们的心一定会从烦恼中解脱出来，开辟出一番安详的天空，让自己充满快乐。

第三章

低调做人

世间有人欺我、辱我、笑我、轻我、贱我,当如何处置?

第一节　冲动是魔鬼

"冲动是魔鬼",此话一点都不假。冲动会剥夺人的理智,使人性泯灭;它可以操控人的大脑,使人的思维紊乱,让人失去感情。总之,一个人如果容易冲动,就容易失控,就容易像武侠小说中那些走火入魔的人一样凶残、暴戾,为人行事不守原则,不顾后果,肆意妄为。

谁都知道:忍之忍之再忍之,忍到忍无可忍时再忍一次。这句话说了无数次,可是真正遇到问题的时候,谁能做到忍耐?虽然人们都说遇事要沉着冷静,又有谁沉得住气,冷静得下来?如果人们不论遇到什么事都能忍耐一下,能沉着一点,冷静一点,那么这个社会该少多少犯人?少出现多少悲剧?

世界上不是只有你一个人,也不是只有我一个人,这么多人共同生活在同一片蓝天下,每天的生活、工作总要与人打交道。俗话说:千人千脾气,万人万模样。谁与谁都不尽相同,遇到的人、事、物不一定都合自己的心意,这个时候我们就需要沉着、冷静并且理智地对待所遇到的每一个人、每一件事,凡事三思而后行,这样就可以化解很多问题和矛盾。相反,若我们容易冲动,则很可能引起矛盾,挑起争端,甚至引发更严重的后果,造成不可弥补的损失。这样的结果一定不是我们想要的。

所以,为了彼此相处得更和谐,关系更融洽,我们每个人都应当学会遇事沉着冷静,坚决杜绝冲动失控,把魔鬼从我们中间赶走。记住:沉着是冲动的克星,冷静是魔鬼的天敌!

冲动是一种最具破坏性的情绪，它给人带来的负面影响可能远远超出我们的想象。在生活中，将人们击垮的，有时并不是那些大的灾难，而是我们不善于自控的性情。

西方有一句古老的谚语："上帝欲毁灭一个人，必先使其疯狂。"一个人无论多么优秀，在冲动的时候，都难以做出正确的抉择。冲动是人类情绪中的顽疾，从历史中的很多悲剧里都可以找到它的影子。要想成就一番事业，我们就要想办法去战胜它。

夏天的雨后，树林中会出现很多看似闲适的蜗牛，只是很少有人知道，这些背着房子的家伙，却是人见人欺的对象。鸡、鸭、鸟、蟾蜍、龟、蛇、刺猬等，都视它们为口中食，就连那小小的萤火虫都是它们的克星，蜗牛能生存下来真可谓是步步惊心。但几千年来，蜗牛不仅顽强地生存了下来，而且广泛分布于世界各地，它们的法宝就是沉得住气。

据报载，孤悬于南太平洋上的圣查理岛，面积只有1500平方米，距离它最近的岛屿有2000多千米，然而在这个与世隔绝的荒岛上，蜗牛却是唯一的常住居民。蜗牛没有翅膀又不会游泳，怎么会来到这里呢？这引起了科学家的好奇。经过研究发现，原来它们来到这里是拜飞鸟所赐。鸟没有牙齿，只能将蜗牛囫囵吞下去。鸟肚里一团漆黑，并且有浓烈的胃酸，许多蜗牛扛不住，就从硬壳中探出，缓缓舒展身子，正好被胃酸消化。而少数蜗牛，始终能屏住呼吸，任凭胃肠挤压腐蚀，最终随着鸟的粪便被排出，得以幸存。在许多艰险的情况下，蜗牛都是靠沉得住气，才得以让这个种群延续。

战国时期，魏国公子信陵君也是沉得住气的典范。有一位叫侯嬴的隐士很有才华，信陵君想将其纳入门下，却多次被侯嬴婉言谢绝。一天，公子府上大摆宴席。信陵君带着随从亲往东城门迎接侯嬴。侯嬴毫不谦让，直接坐到信陵君的身边，信陵君不但没被激怒，反而态度谦恭，亲自为侯嬴驾驭马车。马车刚走不远，侯嬴对信陵君说："我有个朋友在屠宰场，您能送我去看他吗？"信陵君毫不犹豫地将车赶到了屠宰场。侯嬴见了自己的朋友朱亥后，独自和朱亥谈话，把信陵君晾在一边。随从们都在小声骂侯嬴不识抬举，一旁的人也好奇地观看眼前发生的一切，可信陵君始终和颜悦色地站在一边等候。来到公子府，信陵君把侯嬴请到上座，向他一一介绍在座宾客，还亲自为他斟酒。直到这时，侯嬴才真心佩服信陵君。信陵君由于沉得住气，不仅招揽到了侯嬴，而且成就了礼贤下士的美名。后来，侯嬴向信陵君举荐了朱亥，他俩联手帮助信陵君完成了击退秦军的壮举，成就了信陵君的事业。

"每临大事有静气，不信今时无古贤"。这是晚清两代帝师翁同龢教导弟子时的话。他认为：自古以来，圣贤之人，越是遇到惊天动地的大事、险事，越能心静如水，处变不惊。

我们应从蜗牛身上、从古代贤人身上学习，沉得住气，方能成得了器。

五代时，冯道与和凝同在中书省任职，两人交情甚厚。有一天，冯道穿了新买的鞋子到和凝家中拜访。和凝一看，这双鞋子和他数日前叫仆人买回来的那双不是一模一样吗？于是和凝就问冯道："你这双鞋子是多少钱买的？"

冯道一听，不慌不忙地举起右脚，说："九百钱。"和凝一听，怒气冲冲地对着身旁的仆人骂道："一模一样的鞋子，为什么你说要一千八百钱呢？"

这时，冯道又缓缓地举起左脚说："这只也是九百钱。"于是哄堂大笑。和凝霎时满脸通红，深为自己的沉不住气感到羞愧。

沉不住气的人，往往不能冷静地判断是非，造成憾事。历史上，很多原本战况有利的一方，往往被对方的激将法激怒，沉不住气，贸然出兵，使局势逆转，造成大败。佛门中的一些出家人还俗，也是因为等不及，沉不住气，就此沉沦世俗红尘。

沉得住气，是一种修养。东晋淝水之战时，名相谢安在与朋友下棋，得知侄儿谢玄战胜敌人，获得胜利，但他喜不形于色，依然冷静下棋。

沉得住气，是一种忍辱的智慧。英烈千秋的张自忠，受命与敌人周旋，却被误认为卖国贼，但他沉得住气，最终完成使命，流芳千古。

三国时代，诸葛亮以空城计骗得司马懿的数十万大军不战而退，也是因为沉得住气。有智慧的人，越是紧急危难的时候，越是冷静沉着，唯有在冷静中才能想出应付事变的方法。

所谓"饭未煮熟，不能妄自一开；蛋未孵成，不能妄自一啄"。拳头不要随便打出去，要沉得住气，才有力量；眼泪不要随便流出来，要沉得住气，才能化悲愤为力量。

沉得住气，不是没有是非观念，而是要冷静沉着，俟机而动。纪渻子训练斗鸡的故事说明，一只上等的斗鸡，不是只会虚张声势，自狂自傲，反而气定神闲，从容安详，呆若木鸡，最后总能不战而胜。

在这个经济高速发展、社会转型飞快的时代，很多人缺乏耐心和恒心，急于求成，看似忙忙碌碌，到头来却一事无成。究其原因，很重要的一点，就是人心浮躁，不够沉稳，沉不住气。生活中，特别是在自己还没有足够实力的时候，应该沉得住气，不能争一时之功，意气行事。沉稳的人总善于捕捉机会，洞察全局，因为他拥有一颗稳定、清醒的心去面对一切。沉稳是一种生存的智慧，更是走向成功的重要法宝。

沉得住气，就要克服内心的浮躁。做事情往往欲速则不达，因为浮躁会使你失去清醒的头脑。有一句话叫："稳住神不少打粮食。"意思是说：遇事要沉着，不慌张；做事不要浮躁，不要急于求成，慢慢来；遇到不顺心、不如意的人或事，要压住心中的火。仔细品味，就会觉得这句话对一个人的成长、做人做事、品质修养都有重要的意义。

顺风顺水时，要把持住自己，沉得住气。低调一些，免得树大招风，惹出一些不必要的事端来。这样做的好处就在于可以少一些绊脚石，让自己的路走得更稳健一些。失败时要沉得住气，审时度势，保持镇定。不把那些小

自己挠痒自己笑

耻小辱放在心上，且在暗地里积蓄力量，积极行动，以图后起。只有沉得住气，才能保持自己的信心和实力，并最终站稳脚跟。只有沉着冷静，有条不紊地应对各种事情，才能抓住时机，变不利为有利，变被动为主动。沉得住气是一种素质，一种能力。

第二节　姿态要低，脸皮要厚

海洋之所以能够美丽宽广，是因为它始终把自己放在最低的位置，容纳百川，不分贵贱，不分彼此，尽管敞开胸怀接纳，包罗万象。在生活中，我们会发现一个有趣的现象：越是大的企业家、大学者，德高望重的成功者，越是亲切随和、平易近人，并可以让人产生一见如故的感觉。相反，一些没有什么本事或者有一点点小权力的人倒是骄横跋扈，难以亲近。真正谦卑的人才能不断进步，得到众人的帮助和拥戴，最终问鼎事业的辉煌。而那些总是斤斤计较小私小利、高高在上者，往往难以做成大事。

有些人习惯于把自己看得很高，认为自己博学多才，满腹经纶，喜欢以自我为中心，把别人看得很低，目中无人，总以为自己很了不起。一个人表现得太优秀，过于突出，锋芒毕露，会招来旁人的嫉妒。做人需要经常放低姿态，才能受到他人的欢迎，才能更加游刃有余地去应对各方面的变化。

中国教育电视台《职来职往》节目中，有一个求职的小女孩，没有过硬的学历背景和专业技能，也没有丰富的工作经验，但她凭着她的求职理念——低调、平和，最终让那些一向比较挑剔的名企精英代表接受了她，她在心仪的企业里获得了自己的一席之地。

人有时需要把自己看得很重要，自信地面对生活；有时又需要把自己不当回事儿，虚心谨慎，低调做人。放低姿态的人，虚怀若谷，不会骄傲自满，能以全新的面貌去面对新挑战，并虚心请教别人，接纳新的思想，新的知识。

自己挠痒自己笑

把自己看低点，才能正直坦诚地对待他人。无论身处什么位置，懂得看低自己，才不会自傲和骄矜，才能在充满诱惑的环境下坚守自己的操守，才不会以强凌弱，从而彰显大家风范，君子气度，赢得别人的欢迎和尊重。

放低姿态，是一种高深的处世智慧。人至低则无敌。"低"不是低三下四，不是低人一等，而是放下姿态，遇人谦虚随和。这样的话会得到更多，收获更多，也更容易成为受欢迎的人，在自己以后的人生大道上所向披靡，扬鞭前行。

在现实生活中，有些人习惯以自我为中心，以自己为主角，总把自己看得太高，把别人看得太低。这种人在得意的时候，总夹不住自己的尾巴，这条尾巴叫作傲气，实际表现为独断、傲慢、骄横、盛气凌人。人不能有傲气，至少不能无所顾忌地表露自己的傲气。有傲气的人是不容易受欢迎的，甚至还可能招致别人的嫉妒，把自己放在众矢之的的位置上。尤其是当你并不是自己想象中的那么不可替代时，是很可能被自己的上司牺牲掉的。

这种人在失意的时候，总有一肚子的怨气。这怨气总得找机会倾倒出来，抱怨自然难以避免，牢骚满腹，怪话连篇，自认为怀才不遇，进而愤世嫉俗。因为自觉怀才不遇，所以看不到别人的优秀；因为愤世嫉俗，所以看不到世界的精彩。这种人的心理容易失去平衡，个性往往脆弱，与环境格格不入。这种人不仅不会被外界接受，反而会遭到嘲笑和孤立，变得无所作为。人不能有怨气，抱怨非但不能帮你解决任何问题，还可能让你暴露更多的问题。在人们的心目中，怨天尤人表示你心智浅薄，缺乏自信，更没有独立面对困难和逆境的勇气。

所以，做人必须放低姿态，纵然可以豪气万千，也不能不可一世；纵然有超凡的才干，也绝对不能目中无人。放低姿态，我们就不会太过自满，以致不愿意进一步去面对新的挑战；放低姿态，我们就会睁大双眼满怀好奇地去学习新知识，探索新领域；放低姿态，我们就会以真诚谦卑待人，使大家折服并乐意与我们共事；放低姿态，我们力所不及的柔弱，会为大家所同情，让他们愿意倾其所能来帮助我们。因此，放低姿态是一种人生智慧。

放低姿态也是一种风度。其实，把自己看低些，这是光明磊落心灵的折射，是无私无畏气度的反映，是正直坦诚境界的流露。看低自己的人总是很知足，对获得的成功珍惜有加。一个富有了仍然不忘看低自己的人，将不会自傲和奢侈，从而淡化人们对自己的嫉妒心理，使自己在和谐的人际关系中继续发展；一个身居高位仍然看低自己的人，将不会专横和贪婪，从而向人们展示出自己的君子风度，让人们觉得可亲可敬。当你从困境中走出来时，就会发现，看低自己是一种多么难得的超凡脱俗、淡泊平和的品质。

放低姿态还是人生的一种高品位的精神享受。看低自己是对人的真实本性的理解和把握，是对人性和历史的继承和超越。看低自己，能够宽容他人的缺陷和过错，能够看到世界上更多的精彩，能够成就自己的操守，使自己灵魂美丽。只有看低自己，并不断否定自己的人，才能够不断地汲取教训，加强修炼，净化灵魂，提升品质，才会为别人的成功而欣喜，为自己的善解人意而高兴，使自己在和谐的心态中生活。

放低姿态不是示弱，更不是平庸。相反的，能"示弱"，甘于"平庸"，才是一种大智慧。很多人总是抱怨社会不公，世界太小，怀才不遇，难得施展。其实，并不是世界太小，而是我们把自己看得太大了。当你心里装满了自己，哪还有容纳别人的地方？能够看低自己，放低姿态，降低位置，不但避免别人的中伤和嫉妒，也为自己向更高的目标迈进扫清了障碍。既是一种自知之明，也是一种豁达大度。古人云："至刚易折，弓满易断。""木秀于林，风必摧之；堆出于岸，流必湍之；行高于人，众必非之。"真不如放低自己，不断充实自己，让生命的高度有一个坚实的基础，不至于遭遇地震而坍塌，经历狂风而倾斜。

放低姿态不会让你低人一等。大丈夫能屈能伸。如果当年韩信不经胯下之辱，就不会有后来的挂帅统领千军万马；刘备不"三顾茅庐"、礼贤下士，就不会成就鼎足大业；勾践若只想当年风光，全无卧薪尝胆、做牛做马的低姿态，又岂能灭夫差、平吴国、成霸业？可见，想成就一番伟业，得先从放低姿态开始。放低姿态不是妄自菲薄，而是意味着求全、谦逊。

谦逊的齐白石老先生对晚辈不耻下问，常给予诸多称赞；对同辈画家有所长的，也十分尊敬。有一次，他看到同辈吴昌硕的一幅很小的花卉小屏，观看良久，称赞不已。回到家里，兴奋之情难以平静，当即写了一首诗记下自己的感受："青藤雪个远凡胎，老缶衰年别有才。我欲九原为走狗，三家门下转轮来！"这是齐白石诗的成名之作，可见他对徐文长、八大山人、吴昌硕的拜服。肯定他们的作品，向他们学习，齐白石甘愿自比为"走狗"。这种难得的虚心精神，使他兼收并蓄，成为徐悲鸿所说的"五百年也难得有一个"的大师。

放低姿态，该是清醒中的一种经营，能让生活多几分收获的快乐。在家庭中，不妨看低自己，不要把自己当成"一言九鼎"的家长，这样才能更好地与孩子沟通，与爱人和睦相处；在事业上，即使春风得意，大权在握，也不妨看低自己，不要把自己看成凌驾于众人之上的"霸王"，这样才能结交和团结更多志同道合的人，听到更多有益于事业发展的意见和建议，让自己脚踏实地地去拓展事业；在朋友圈子里，看低自己，才能结交到推心置腹的哥们儿，让自己的头脑时刻保持清醒，让自己永远是一个受欢迎的朋友。

第三节 退一步海阔天空

柏拉图说:"稍忍须臾是压制恼怒的最好办法。"忍让者,忍耐也,谦让也。一般说来,在社交中,无论产生什么样的矛盾,双方都是有责任的,但是作为当事人,一定要主动"礼让三分",要多从自己身上找原因。

忍让是一种美德。亲人的错怪、朋友的误解、讹传导致的轻信、流言制造的是非,面对这些,生气无助于雾散云消,恼怒不会让春风化雨,只有适当的忍让可以帮助你恢复应有的形象,得到公允的评价和赞美。

实际上,忍让也就是让时间、让事实来表白自己,只有这样才能够摆脱与他人的没有原则的纠缠和不必要的争吵。

三年前的小强,一直是个天不怕、地不怕的小男孩,因为生在本地,他曾经幼稚地以为自己天生就是不平凡的,从而养成了骄傲的性格。

与生俱来的骄傲并不是谁都有的,做什么事小强都力争第一。他讨厌自己的工作,因为它单调而无味,也讨厌这个城市,因为它太小,不管在哪条街,只要在这个城市,都会看见那几张令人恶心的面孔。他们的虚伪让他很讨厌,他想,他要走,离开这个城市,实现他的梦想。

于是小强告别了父母,独自来到上海。在他工作单位的不远处,有个小酒店,每次下班不开心的时候他都会去。那里有位四十岁左右的艺人,每次去都会看到他,他总是那么和蔼,不管别人说他什么,骂他什么,他可以全当没听见。

有一次，这位艺人为小强献艺。那时小强心情很不好，边抽烟边看着那位艺人，正琢磨着要给多少钱的时候，想起他还有一枚一角的硬币。于是他把这枚硬币掷到地上，心想这位艺人肯定会生气。可他错了，艺人微笑着把钱捡了起来，并向他表示感谢。他顿时有点内疚，很想说声不好意思，可他没机会了，因为这位艺人走了。

第二天，他想去向那位艺人道歉，再给他一百元。他去了酒店，没有看见这个人，突然有一种莫名的失落，回到住处抽了根烟就睡了。

直到好几个月以后，小强在大街上看到一位身穿名牌西装的中年男人，尽管不可思议，但他还是认出那正是那位艺人。那位艺人也看见了他，径直向他走了过来。

这个人把小强带到家里，小强不由得惊呆了。他家好美！一座欧式别墅，各种名牌轿车。小强尴尬地说："那天真不好意思！"艺人还是面带微笑地说："没事，我还要感谢你，是你让我明白，原来我已经可以控制自己的情绪了。"

后来他才知道，原来这位艺人是一家知名企业的老总，十年前因自己的脾气不好，控制不住情绪，逼死了自己最爱的人，还使自己的儿子离家出走。

这件事令他感触很深，也让他学会了忍耐，才使自己受人欢迎。

小强心想，是啊，忍一时风平浪静，退一步海阔天空。

我们每一个人都应该做情绪的主人！生命是宝贵的，提高自己的自控性却是更重要的。不要自暴自弃，不要妄自尊大，要学会自己做自己的主人。纯化自己的心灵，净化自己的精神。

忍让，并不是懦弱可欺，相反，它是自信和坚韧的品格。古人所说的"忍"字，至少有两层意思：其一是坚韧、顽强。晋朝朱伺说："两敌相对，唯当忍之；彼不能忍，我能忍，是以胜耳。"这里的"忍"，也就是顽强精神的一种体现。其二是抑制。《荀子·儒效》有言曰:"志忍私,然后能公;行忍情性,然后能修。"被称为"亘古男儿"的宋代爱国诗人陆游,胸怀"上马击狂胡,下马草军书"的报国壮志,同样也写下过"忍字常须作座铭,扫尽世间闲忿欲"。这样的忍耐,不正凝聚着他们顽强、坚忍的可贵品格吗?有谁能够说他们是懦弱可欺的呢?

"小不忍则乱大谋",这句话一点没错。"负荆请罪"的故事被传为千古美谈:蔺相如位高权重,却不与廉颇计较,处处礼让,何以如此?为国家社稷也。"将相和"则全国团结;国无嫌隙,则敌必不敢乘。蔺相如的忍让,正是为了国家安定之"大谋"。忍让是一种眼光和度量,而克己忍让,是雄才大略的表现。

唐朝布袋和尚的那首人生偈语:"手把青秧插满田,低头便见水中天。心地清净方为道,退步原来是向前。"农夫在稻田里插秧,他只能低着头看到水里的蓝天,一面插秧一面后退,退到水田的尽头,一大片稻田也就插种完成了。低头、退步能够完成插秧任务,我们的人生,又何尝不是如此呢?

从我们的身体结构看,两只眼睛都是朝向前方,这就决定了我们习惯于看前面的世界,而看不到后面的世界。但如果只是紧紧地盯着前面,我们的人生空间就会狭窄得多。如果每个人都把目光集中在眼前这个狭小的空间,就难免会产生摩擦、是非、纷争。人一旦陷入了眼前世俗社会的蝇营狗苟之中,就很难挣脱出来。

"苦海无边,回头是岸",人生的旅途不能只是一味地向前,要给自己一个缓冲的机会,否则要么撞得头破血流,要么累死在旅途的尽头。所以说有时候退步的人生不是退步,而是反躬自省。检点一下自己走过的路,你会发现,退步的世界比前面的世界更为广袤无垠。在你走过的路上,有许多被你遗失的珍宝,适时地捡起这些珍宝,你会发现原来你很富有,带着这些珍宝上路,你会走得更加矫健有力,更加踏实。

那么，在现实社会里，该如何更好地退步呢？

1. 要学会忍让。

忍一时云开月朗，退一步海阔天空。如果每个人都想做出头的椽子，那很有可能早早地被人折断。反之，你忍让别人一尺，别人就会忍让你一丈。"一纸书来只为墙，让他三尺又何妨？长城万里今犹在，不见当年秦始皇"。正是古人的善于忍让才成就了"三尺巷"的佳话。在社会上为人处事，该出手时是该出手，但更多的时候还是应该忍让，忍让是成就事业、人生的法宝。

2. 不要有太多的欲望。

人生不能没有欲望，有了欲望才会有生活的勇气和奋斗的方向，但太多的欲望会使人偏离生活的正常轨道，有时会像魔咒一样让人欲罢不能。钱财、权力、名声每个人都想要，但不能像柳宗元笔下的蝜蝂那样，为了这些身外之物而煞费苦心，不择手段，最后力竭而死。容我们想想，这些东西生不带来，死不带去，如果能勇敢地抛弃它们，我们会感到真正的身心轻松、愉快。

3. 要适时地放手。

回归本心，营造自己精神的后花园。人生有两个世界，一个是物质世界，一个是精神世界。物质世界是喧嚣骚动的，很多人在这滚滚红尘中声色犬马，看起来风光无限，其实内心疲惫不堪，伤痕累累。如果能及时地退回到自己的精神小屋中，赏赏花，听听曲，看看书，和自己的亲人拉拉家常，让自己的灵魂得以休养生息，你会发现，你又生龙活虎了。

人生就如同行路，虽然前面的世界风光无限，吸引着我们奋发前进，但我们也要好好看看脚下的路，回头看看后面更为宽广的世界。没有过去也就没有未来。就像跳高、跳远一样，只有适度地后退几步，你才能获得充足的动力，跳得更高、更远。

第四节　适可而止，知足常乐

人们常说，这山望着那山高，那山又比这山好。其实不然。山外有山，天外有天。恍惚迷茫中，人总是不知所以然。这实际上是欲壑难填的意念，是追求不切实际的虚幻。我们在生活情绪的宣泄中，千万要防止这一点。人要时常比比前天，想想昨天。因为每天都是新生活，每天都是新起点。每天都会有进步，每天都会有改变。所以，我们应该知足。知足者才能常乐，知足者才会心宽。

快乐是感觉，知足是比较。多一分知足，就多一分幸福。知足本身就是成就，成就是心灵深处的感受。知足能带来快乐。知足能使人平安。生活中，我们要适可而止，不要过分幻想，不要过分追求。只有这样，生命才能延长，和谐才能长久。

"叹人生，不如意事，十常八九"。世界上，人比人最痛苦。可望而不可即。怨天尤人，抱怨命运，自找烦恼，感叹时运不济，怪罪社会不公，认为"黄钟毁弃，瓦釜雷鸣"。为烦恼所困，为痛苦所扰，一切都是自找。这是病态的失意，是失意的气馁。这样会走得沉重，行得很累。功名利禄，为身外之物。只有快乐，才能自我享受。人要学会生活，要学会工作。学会春天赏百花，夏天吹凉风，秋天观明月，冬天戏落雪。闲事莫在心，独自守快乐。

人的生命，总在快车道上不停奔波。来去匆匆，两手空空。能够拥有的只有健康，能够收获的只有快乐。人生一定要好好把握，一不留意，光阴就会错过。失去的不能挽回，等到的只有苍老与衰弱。穷日子穷过，富日子富过，能够分出高低的只有痛苦与快乐。

欲望无穷尽，痛苦一大摞。妄想无止境，虚荣必是祸。心强是负担，贪欲是罪过。拼搏能自强，奋斗心开阔。竞争能自省，压力驱懒惰。

"满招损，谦受益"，凡事都要适可而止，因为人的欲望永远不会满足。所谓"人心不足蛇吞象"，正由于永远不知满足，也就永远生活在痛苦之中，所以只有知道满足的人才会得到人生的乐趣。"知足者常乐"就是指此而言。何况，物极必反，否极泰来，凡事不急流勇退，等到穷途末路，就要悔不当初了。《红楼梦》中说："身后有余忘缩手，眼前无路想回头。"人如果能明白这个盈亏循环的道理，就应该好自为之，才不至于失败，才会无烦恼之苦，少贪欲之念。只要心旷神怡，心境开朗，心中就一定会有一片艳阳天。要守住知足，要筑牢堤防，要凡事求自然，遇事处泰然，得意寻安然，失意能坦然，曲折是必然，沧桑方悟然。

生活在幸福美满的环境中，就像已经装满了水的水缸，千万不能再增加一滴，因为一旦增加，就会立刻流出来；生活在危险急迫的环境中，就像快要折断的树木，千万不能再施加一点力，否则树木就有立刻折断的危险。生命呼唤着幸福，知足创造着乐观。快乐改变着生活，宽容汇纳着百川。贪婪毁坏人性，浮躁好高骛远。烦恼心浮气躁，善良祥和平安。奢求腐蚀灵魂，牢骚自会孤单。宁静修身养性，攀比换来悲观。追求拂落尘世，希望守住信念。积极获得向上，奉献迎得甘甜。只有丰富多彩，才能苦乐百年。所以，当你贫困时，或者悲观时，精神不能垮，方向不能偏。走自己的路，行自己的船。开心扬帆，勇往直前。你一定会胜利到彼岸，迎来艳阳天。

第五节　骄兵必败，忍者无敌

我国古代两大禅师寒山和拾得有这样一段对话：

寒山问拾得："世间有人欺我、辱我、笑我、轻我、贱我，当如何处置？"拾得说："只需要忍他、让他、避他、由他、耐他、不要理他，再过几年你且看他！"

当痛苦、误解、仇恨、冷漠等人生的不幸包围我们时，我们不妨选择容忍。倘若我们的生命是一场逆风起航的航行比赛，我们无法避免大风大浪，以及与同一岸线航船之间的竞争，但我们可以调整心态，忍让几分。

忍让不是懦弱，不是退让，不是逃避，而是一种隐形的坚强，一种积极的进取，一种平静的突破！"海纳百川，有容乃大；壁立千仞，无欲则刚"。忍让呈现了我们灵魂极为广阔的一面，也展示了我们人格高尚的一面，更张扬了一种无声的风度。

《圣经》上说："当有人打你的右脸时，你不妨把左脸也转向他。"没有谁会永远不幸，也没有谁能永远幸运。在生活中，有时忍者总是不得志，总是吃亏，这只是暂时的。暂时的得志并不代表长久的风光，暂时的得力并不意味着长久的幸福。人生的许多辩证法总是用时间来证明，时间是最好的检验师。唐朝大诗人白居易说："孔子之忍饥，颜子之忍贫，闵子之忍寒，淮阴之忍辱，张公之忍居，娄公之忍侮。古之为圣为贤，建功树业，立身处世，未有不得力于忍也。凡遇不顺之境者，其法诸。"忍者无敌！

凡事要能忍则忍，冷静思考一段时间。许多人可以毫无顾忌地在他人面前表现出不甘心、悔恨、愤怒、厌恶、不满、嫉妒等情感。"暴躁就是吃亏"。暴躁的人往往会无缘无故地迁怒他人。而从各种角度来看，也的确如此。不仅自己会变得不愉快，还会让他人也不高兴，甚至会使别人对自己"敬而远之"。

平常我们与他人交往，只要以诚相待，就会获得相同的回报，而对方的心情如何，我们大致都能体会出来。可是，若是面对一个歇斯底里的人，就很难预料他何时会改变心情了。虽然自己真诚地与对方交往，对方却无端地发怒，在和这种人相处时，就要谨慎，避免让对方生气。

有一位太太，一旦发怒起来，不管置身何处，都会不顾一切地大声责骂丈夫，并且随手乱丢东西，甚至丢菜刀和水果刀。而平时的她倒是一个人情味很浓的人。当她听到不中听的话，或者看到不顺眼的事时，便会一反常态；如果有人敢当和事佬，不但会火上加油，而且会有挨骂受打之忧。所以，碰到这种情形，他人往往只能站在一旁提心吊胆。久了，便都退避三舍，再难亲近。

能忍还不够，还要会忍，善忍。古人云："忍人之所不能忍，方能为人之所不能为。"成熟老练的人，素来将忍耐视为一种做人的分寸。学会忍耐是很重要的。不过，当忍耐掺入了阴柔，变成一种相安无事、与世无争、苟且偷安的处世哲学后，它就走向了反面。

林语堂先生曾有过这样的批判："遇事忍耐是中国人的崇高品德，凡对中国有所了解的人都不否认这一点。然而这种品质走得太远了，以致成了中国人的恶习；中国人已经容忍了许多西方人从来不能容忍的暴政、动荡不安和腐败的统治，他们似乎认为这些也是自然法则的组成部分。"

的确，如果让忍耐深深地烙上保守、落后、安命不争、平庸、易满足、缺乏进取心、衰老退化、奴性、软弱、过于自卑等烙印，那么这样的忍耐就变了味，一定叫人憋气，叫人难受，叫人窝囊，叫人痛苦……

忍，也是一门学问，也是一种智慧。那么，怎样才叫"会忍耐"呢？即什么叫能忍，会忍，善忍呢？

将忍耐作为一种谋略："小不忍则乱大谋"，是指忍的原则；"一忍可以支百勇，一静可以制百动"，是指忍的效果。老子关于祸福关系的论述，为后人所广为传颂，那就是"祸兮，福之所倚；福兮，祸之所伏"。当身处逆境，置身祸中，要学会忍，"百忍成钢"，才能成就大事。忍得一时苦，方为人上人。在困境中，要甘于承受一切，这种忍耐是达到某一志向的手段，是为达到某种"大谋"的退却，绝不为了忍而去忍。当人们将忍耐看作是唯一的目的时，当忍耐变成逆来顺受、失去抗争时，这种忍耐就毫无积极意义了。

积极的忍耐，绝不意味着人格的渺小，自我的萎缩，只是将可贵的、独立的自我暂时"隐藏"起来，并且仍然在默默地干自己想干的事。这种人的忍耐，软中透硬，柔中带刚，不以牺牲自己的独立人格为代价，不奴性十足，不苟安偷生，不窝囊，也没有失意之感。

忍耐还可作为保存自己力量的重要手段。当敌我之间的力量太过悬殊、正义与邪恶之间的势力相差太大时，忍耐便成为一种最为明智的退却手段，不硬拼，不消磨自己的元气，将力量慢慢地积蓄起来。所以这种忍耐，不是对传统的习惯势力、落后势力的妥协和投降，而是在等待，一旦时机成熟，猛然反击，让邪恶永不翻身。

多数人还是由于对忍耐认识不清，无法重视起来，忽视了适当忍耐的重要性。加之分寸感的缺失，导致人性释放得过分猛烈，许多人忘却了维系平静安定生活的重要性。不能忍耐，带来了许多社会现象和丑陋行为的火星子，颇有燎原之势。重新认识忍耐，非常有必要。

如何重新认识忍耐？

1. 忍耐也是一种抗争。

世上没有绝对的东西。这里要说的，即是一种相对的忍耐，是另外一种

自己挠痒自己笑

抗争方式。

在改革开放后的某个农贸市场上，有一个无赖，他仗着自己练过几天功夫，会耍几手拳脚，在小镇的农贸市场上为非作歹，为所欲为。最令人气愤的是，他总是拎了这个摊上的鸡，又拿了另一个案上的肉，却总是不给钱。谁向他收钱，他就说先赊着以后一块儿给。可过后谁真正向他要钱时，他便大打出手，或是想法子搅得对方无法再待下去。大家对他是敢怒不敢言。

有一天，这个无赖又来到市场上。他走到一个猪肉摊前，点着一块肉要摊主割下来给他，那摊主也是位青年，听他一说，二话不讲，操起刀就在案子边的条石上"霍霍"地磨了起来。这个无赖见此，只好站在那儿等着。此时，边上的人开始聚集过来，一半是看热闹，一半也是目睹一下这个无赖的横行。岂知，这位摊主磨了好几分钟还没有停手。无赖急了，张口就骂，要摊主快些。只见这位摊主不快不慢地应了一声，把磨得锃亮的刀往阳光下一摆，一道寒光直照到无赖的眼睛上去。这个无赖心中一惊，不由得打了一个冷战，又催促摊主快些割肉，但语气明显缓和了一些。摊主拿着刀，对着这个无赖想要的那块肉就砍了下去，只听"唰"的一声，一大块肉齐整整地就给割了下来。更令人惊讶的是，就这一刀，把肉连着的骨头也一点没渣地砍断了。见此情形，这个无赖心中又是一愣。事情还没完，摊主把肉砍完之后，并不是把刀搁在案上就算了，而是出乎意料地朝身边几尺远的一块木板掷去。随着一声响，那把剁肉刀便插在了木板上，与其他几把并排。哦！原来这是他的刀板。同样令人奇怪的是，这回这个无赖并没有像往常那样，拿起肉便扬长而去，而是叫摊主称称重，交了钱才走。

用什么办法才能制服对手呢？前面的例子中，卖肉的摊主做得很妙。他手中唯一的武器是刀，那么就先把它亮出来。他最好的手艺也许就是与切肉有关的活计了，那么就也把它亮出来。这一系列动作又完成得自然、巧妙，让对手感觉到他恭顺的同时，又适时地让其看见刀口的寒光，隐隐地提示着自己的立场，即不可侮。而此后切肉、掷刀的一系列动作着重强调了这一立场。

忍耐，不仅为相对的弱方赢得了应变的时间，而且借助隐忍的外表，可以将弱方对强方的威胁加倍地影射到对方心里，或者说给强方一个想象被威胁的空间。强方有可能会这么想：他隐忍时尚且有这般威胁，若他发怒那该是怎样的可怕！他那么随意地一下就见功夫，若他把浑身解数都使出来，将是何等厉害！

2. 一忍可以制百辱。

老子在《道德经》中说："曲则全，枉则直，洼则盈，敝则新，少则得，多则惑……古之所谓'曲则全'者，岂虚言哉！诚全而归之。"受得住委屈，方能保全自己。经得起冤屈，事理才能得到申直，低洼才能盈满，凋敝反得新生。少取反而多得，贪多反而痴迷。其实，能在危难中保全自己的，全都懂得这个道理。以退为进，以忍为攻，这才是为政求事的最妙法则。

战国时有一位忍辱负重、奋斗不息的杰出军事家，他一生坎坷不平，甚至连真实姓名都没留下，只因其曾遭陷害，受过膑刑（剜掉两块膝盖骨的刑罚），故史书上称他为孙膑。

孙膑少年时便学习兵法，准备做出一番大事业。成年后，拜精通兵法和纵横捭阖之术的隐士鬼谷子先生为师，勤奋地学习兵法阵式。孙膑有个同窗叫庞涓，对孙膑的才能十分忌妒。后来，庞涓先行下山，在魏国做了将军。他派人邀孙膑下山共同辅佐魏王。孙膑到来之后，庞涓先是虚情假意地热烈欢迎，而后委之以客卿的官职，孙膑自然对不忘旧日同窗之情的庞涓感激万分。然而半年之后，庞涓却玩弄阴谋手段，捏造罪名，诬陷孙膑私通齐国，对他施以膑刑，脸上也刺上字，目的在于从精神上折磨孙膑。

对于庞涓所做的一切，孙膑起初毫不知情，后来当他知道使自己成为一个不能行走的废人的元凶就是庞涓时，下定决心要报仇雪恨。他摆脱庞涓手下的监视，暗地里潜心研究兵书计策，准备有朝一日逃离虎口。为了蒙骗监视他的人，孙膑甚至装疯卖傻，以粪便为食，与牲畜做伴。不久，齐国使者来到魏国，暗中探访孙膑，然后把他藏入车中带回齐国。后来他得到齐威王的赏识。

公元前354年，魏国派庞涓率大军围攻赵国都城邯郸，企图一举消灭赵国。孙膑提出"围魏救赵"的作战方针，魏军几乎全军覆灭，庞涓仅率少数兵士仓皇逃脱。这是历史上著名的截击战——桂陵之战。

桂陵之战11年后，魏王又派庞涓率兵攻韩。齐王派田忌为大将，孙膑为军师，攻魏救韩。孙膑冷静分析了敌我双方的具体情况，提出"退兵减灶"的作战方针，忍一忍魏军狂妄之气，诱敌深入。而后齐军故意做出怯战的样子，减少锅灶表示齐军已大多逃亡，以此来麻痹敌人。魏军果然中计，穷追猛赶，齐军却一味退却，最后在山高路窄、树多林密的马陵道设下埋伏。同时，孙膑还命人把路旁一棵大树的树皮刮去，写上"庞涓死于此树之下"八个大字。天黑之后，庞涓率兵追到马陵道，但见路上横七竖八地扔着许多木头，便命士兵下马下车，准备开路追击，却忽然看见路边的树干上隐隐约约有几个大字。庞涓疑心特重，便命人点火观看，此时齐军乱箭齐发，庞涓身负重伤，眼见败局已定，绝无挽回的余地，只好拔剑自刎，齐军大获全胜。这是历史上著名的马陵之战，而孙膑则从此名扬天下。

孙膑的确是位杰出的军事家，同时也是一个深知忍字秘诀的人。面对命运的不公，面对"朋友"的诬陷，他仍能隐忍不发，潜心等待时机的到来。这不但需要一份惊人的耐力，同时也需要一种卓越的审视力和观察力。

3. 是可忍，无不可忍。

夏天是催人欲睡的季节，教徒们被牧师又长又臭的讲道弄得个个昏昏欲睡，有些人甚至忍不住打起瞌睡来了。最后，教堂里的人几乎都在打瞌睡，只有一个绅士，上身挺直，专心听道，跟四周的人完全不一样。他不是别人，正是当时赫赫有名的英国首相格莱斯顿。后来，有人好奇地问格莱斯顿："奇怪，每一个人都听得打瞌睡，甚至干脆小睡一场，为什么只有你那么用心地听？"格莱斯顿微笑着说："是这样的，听这么一无可取的讲道，老实讲，我也很想打瞌睡，可是，我突然想到，何不用这件事来试试自己能够忍耐到什么程度？我聚精会神地从头听完。刚才我还告诉自己：你呀，忍耐得好，以这种耐力去面对政治上的种种难题，还有什么事不能解决呢？所以说，今天的讲道，对我的好处和启示，可真是太大了。"

在别人都已停止前进时，你仍然坚持，在别人都已失望放弃时，你仍然进行，这是需要相当的勇气的。使你得到比别人更大成功的，正是这种坚持、忍耐的能力，不以喜怒、好恶改变行动的能力。

一旦你树立了有毅力、有决心、能忍耐的名誉，就不用怕世界上没有你的地位。但是如果你表现出一些意志不坚定和不能忍耐的态度，人们便会明白，你是白铁，不是纯钢。他们瞧不起你，不信任你。而没有人们的信任，事业的成功是很难做到的。

4. 忍耐如同金子贵。

中国人发明了一个"忍"字，那是心字头上一把刀，言简意赅。从里到外透着一个道理：没有勺子不碰锅沿的。人和人不是一个模子刻出来的，脾气秉性哪能一样？一旦产生摩擦，撸胳膊，挽袖子，针尖对麦芒，日子还能消停吗？在这个世界上，没有解不开的疙瘩，也没有化解不了的矛盾。只要彼此都做到体谅，自然会拨云见日，雨过天晴。

古时候有个叫杨翥的人，以忍让聪慧闻名。有一次，他的邻居丢了一只鸡，直骂姓杨的偷鸡不得好死。家人愤愤不平，杨翥却非常淡然地说："满世界又不只我一人姓杨，随他骂去吧。"还有一次，屋外下着瓢泼大雨，一个邻居把自己院中的积水排到了杨翥家，全家深受潮湿的苦楚。杨翥仍然很淡然地说："不要斤斤计较，总是晴天的时日多，落雨的日子少。"久而久之，大家都被杨翥的忍让打动。后来，有一伙儿强盗密谋抢夺杨家的财宝，就是这些邻居自发组织起来，帮助杨家避免了这场灾祸。

生活中的事情就是这样，"小不忍则乱大谋"。一时的冲动往往会导致日后的悔恨，实在有些得不偿失。与其说这是一种勇敢，不如说是一种莽撞。

人只要活着，就不可避免地受到一些有意无意的伤害，任何人都是如此。所以，聪明的人总是尽可能地迁就对方，这看似懦弱的举动，其实正是生存的智慧。既能让你避免耿耿于怀的自我折磨，又能让你维持健康的人际关系。

5. 忍而后发制人。

在与人交往的过程中，有许多必要的原则，但在众多原则中，忍耐可称为是第一要则。因为只有忍耐才能充分了解对方，只有忍耐才能完成彼此的沟通，同样，只有忍耐才能养成与人交往时的良好修养。

日常生活中，我们听说一件事情，这事情使我们感觉极度不满，但在没有探究出真正的原因时，需要绝对的忍耐。进一步来说，即使弄清了真正的原因，也应忍耐，因为发怒无益于问题的解决。我们听到别人的陈述或解释，即使明知他在说谎或所言无理，也不该迅速表露出不满的态度。有些人会在这种场合下说："不要说了，你的意思是……"这不是一种好的应酬方式。

有了适度的宽容忍耐之后，我们就可以抓住机会，运用智慧，进行反击了。反击应是巧妙而富于机智的。

苏格拉底是古希腊哲学家。有一次，他在路上和一个批评家相遇，批评家是个秃子。秃子一见面就谩骂苏格拉底。苏格拉底一声不吭。批评家余怒未消地问："你没什么话说吗？"苏格拉底淡淡地说："没有，没有。我只是羡慕你。"批评家奇怪地问："你羡慕我什么？"他回答说："我羡慕你的头发，它真聪明，那么早就离开你的脑袋了。"苏格拉底的言外之意是：批评家的脑袋装了许多乌七八糟的东西，从他嘴里吐出来的当然不会是什么好话了。

忍耐是为了获得了解对方的时间，忍耐同时也给我们赢得了思考对策的时间。因此，如果有人对你大不敬，那么你要在忍的同时仔细品味一下，在心里想好反击的策略。其实，所谓的反击，都是在防守之时有所酝酿，借着对方的意识稍稍用力一转，将对方击败。所谓的"后发制人"，其实就是对那些能在社交场合中保持忍耐的人而言的。

第六节 雄辩是银，沉默是金

卡莱尔有一句名言，"雄辩是银，沉默是金"。就是说，当别人情绪激动时，你要保持沉默，宽宏大度，这比黄金还贵重。其结果必然是"以静制动"，可减少诸多因急躁而产生的不良后果。所以说，一时的沉默忍让是以退为进的生存竞争策略，是一种明智的选择。

心理学家认为，生活中不善忍让的人，是人格不健全的表现，容易导致偏执型、分裂型、反社会型、强迫型等人格障碍。

生理学家指出，适度的宽容，对改善人际关系和身心健康都有益处。不会宽容别人，就会殃及自身。过高地要求别人，必定使自己处于紧张的心理之中，从而影响自身的健康。人们常说，要严于律己，宽以待人；能容人之短，让人之过。宽容与忍让可以反映一个人的修养与度量。

医学家发现，紧张的心理刺激会影响内分泌功能，而内分泌功能的改变又会反过来增加人的紧张心理，形成恶性循环，贻害身心健康。孔子说："小不忍则乱大谋。"此话可被看作是一种对待事业成就的策略，也可被看作是一种养生之道。

社会学家发现，不善于宽容与忍让，甚至行为、言语过激者，会因失去理智而酿成祸端，造成严重后果。而一旦形成忍让的性格，心理上便会发生一次次巨大的转变和得到净化，诸多紧张、烦恼的事端便可得以避免和消除，身心因此而健康。

自己挠痒自己笑

人的一生，最得意的是心境，最痛苦的也是心境。好的心境使人生机勃勃，坏的心境使人泰山压顶。要想使自己永葆好心境，就应该在忍让的修养上多下功夫。

一个远道而来的客人郑重其事地送给主人一个礼盒，主人非常开心地收下了，打开一看，只是三个很普通的小金人。主人很奇怪地问远道而来的客人为何送这样的小金人给他。

客人拿出三个小金人，放在桌上，用一根稻草做了个试验给主人看，当稻草穿进第一个小金人左耳的时候，稻草从右耳出来了；客人又用稻草穿进第二个金人的左耳，稻草立即从金人的嘴里吐了出来；当客人把稻草穿进第三个金人的左耳时，却被第三个金人吞进了肚子里，再也出不来了。

这个故事其实告诉了我们一个做人的道理：

有的人做人很消极，对什么都不会用心去想，也很难用心去做，对生活是一种混日子的态度。也就是第一个金人，对所有一切都不会经过他的思维，更不会付诸行动，左耳进右耳出了，好像什么都没有发生，这是一种对生活消极对抗的情绪，也是对自己的一种放纵，对好的意见和有建设性的提议甚至都懒得去理会，长时间地沉浸在自己固定的思维里面，不想发展，也不想突破，做人以过一天算一天论。

有的人做人常在小处很精明，喜欢着眼于眼前利益，也善于利用一切机会。为了显示自己的博闻，喜欢到处打听，然后不负责任地乱说。有的则因为头脑简单，凡事不用大脑，喜欢成为闲谈的主角，也许并没有多大的恶意，只不过对看到的、听到的不会加以分析，说出来的话只是别人的，该说的、不该说的都说了出来。谈到有什么居心，也未必有，只不过有时候太热衷于传播一些不切实际的言论，让周围的人感到尴尬，甚至搞出很多是非，而且很有可能被别有用心的人利用。做人有时候需要厚道一点，听到的和见到的未必是真实的，片面的言辞会伤人于无形，不负责任的传播可能会给别人带来不必要的干扰。这也是第三个金人要告诫人们的：慎重对待自己的言行。

"沉默是金"代表了一种行为处事方式。只有多闻慎言，多见阙殆，凡事心中有数，才能更好地做人做事。

有这样一个典故：孔子告诉子张，想做一个好的管理者，要知识渊博，宜多听、多看、多吸取经验；有怀疑不懂的地方则保留，等着请教他人；讲话要谨慎，不要讲过分的话。对于模棱两可的事，随时随地都用得到古人的两句话："事到万难须放胆，宜于两可莫粗心。"这样处世就少了后悔，行为上就不会有过多差错。这样去谋生，随便干哪一行都可以，处世的道理就在其中了。

在职场中，高层管理者更应管好自己的嘴，做到"沉默是金"，否则你会被轻视，或让下属笑话，在下属面前失去威望，从而给你的工作前途带来阻碍，严重者将无容身之地，只得另谋高就，如果认识不到自己的缺点，不及时纠正错误，会一生因此而劳累。

M公司的总经理，其言行举止总是让下属难以接受，总是利用自己的专业抬高自己，打击下属。接任总经理两个月左右，在一次会议快结束时，他对各部门经理说："我看你们对管理都有些陌生，尤其是A经理，以后有时间我给你好好上几课，让你好好学习学习，什么叫管理，看看你部门像什么样子。"A经理只是笑了笑，示意接受。下午这位总经理就接到A经理一封邮件，是本公司《员工执行力培训》。下班前总经理到A经理办公室，对A经理说："这资料很好，你光给别人发资料，你自己从头到尾看上一遍了吗？空闲时认真学学，积累些知识，省得管理知识那么缺乏。"A经理看看周围没有人，微笑着低声说："这是我半年前花费三个月业余时间结合我们公司的实际状况，为公司专门编的培训资料，请您看看哪里不合适，帮助修改修改。"总经理听后木然，接着说："我看你是不务正业，自己的工作还没做好，还写些乱七八糟的东西。"从此，总经理再也不在A经理面前提管理一事了。

A 经理用一种看似谦逊的方式告诉总经理，能力是装在心里、用在实际工作中的，不是挂在嘴上的，他用一种讨教的方式告诫了对方自己的能力。

一天早会上，B 车间主管对总经理说："我们车间的流水线坏了两台设备，使产品质量达不到要求，不能正常生产，严重影响产量。工程部什么时候能给我们修好？工作太不负责任，周五就坏了，今天都周一了。"工程部经理听后回答道："是吗？我已经周六加班把设备修复，并试机正常。你今天早上没发现？又出故障了？你最好下去搞清楚再讲……"

做人做事，都要实事求是，没有确认的事情不要乱讲，也不要在公共场合质问别人，最好保持沉默，或以询问的方式打探对方，否则会被训斥或让自己难堪。本身是自己工作没做到位，反倒说别人工作不负责任，让自己下不了台，自取其辱。做人，要多听取别人的意见和建议，谨言慎行，不要随便发表议论。听不进别人意见的人与祸从口出的人，都不会成为职场的胜利者。

在一个特定的环境或是一个特定的时期，沉默是为人处事最好的方式。很多时候的很多事情，不是谁想怎样就能怎样的，许多客观和主观的因素影响着事态的发展。对于很多未经证实的言论，最好不要评说，放在肚子里，让不好的传闻止于你的沉默，这是对别人负责，也是对自己尊重。

现代社会处于张扬个性的时代，张扬的是自己的自信，沉默的是对于那些阴暗的东西。做人的磊落，凭的是真正的能力，而不是踩着别人的肩膀还嫌不够稳妥，用一种似是而非的诽谤，获取自己想要的东西。就算一切可以暂时得到，却失去了做人应有的尊严。

"沉默是金"是说在人生纷乱的时刻，沉默静守才能保持自己的清醒。当生活的巨浪袭来的时候，用自己稳健的行动去抵挡，此时语言的力量是苍白的、无效的，就算你使尽全身的力量，也喊不出能和浪涛声相抗衡的音量。

—— 第四章

宽容别人

有了他这种聪明的人,什么都比我强,那还要我干什么?

第一节　学会宽容，海纳百川

唯宽可以容人，唯厚可以载物。英国有句很形象的谚语："世上没有不生杂草的花园。"阿拉伯人也饶有风趣地说："月亮的脸上也是有雀斑的。"一位教育家在讲演中这样讲过："宽容是一种美德，更是一种处世态度。珍惜是一种品格，更是为人的真谛。"说到底，人非圣贤，孰能无过，金无足赤，人无完人。人生在世，要学会宽容。宽容指的是宽厚和容忍，原谅和不计较他人的过失。宽容是一种美德。我们的生活需要宽容，我们要学会宽容，要学会"宽以待人"。

相传古代有位老禅师，一天晚上在禅院里散步，突然看见墙角有一张椅子，他便猜到有位出家人违犯寺规越墙出去溜达了。老禅师也不声张，走到墙边，移开椅子，就地而蹲。少顷，果真有一小和尚翻墙，黑暗中踩着老禅师的脊背跳进了院子。他双脚着地后，才发觉刚才踏的不是椅子，而是自己的师傅。小和尚顿时惊慌失措，张口结舌。但出乎小和尚意料的是，师傅并没有厉声责备他，只是以平静的语调说："夜深天凉，快去多穿一件衣服。"老禅师宽容了他的弟子。他知道，宽容是一种无声的教育。

宽容是一种宽广的胸怀，是对人、对事的包容和接纳。在生活中，与人为善，严以责己，宽以待人，构建和睦相处的和谐关系。然而，有的人却不懂得宽容，与人相处时总喜欢谴责别人，容不得别人有半个污点。走在路上无意中被人碰了一下，并无大碍，却要与人争执半天，去商店买东西遇到态度不好的售货员，心里窝火就和别人吵。别人晋职加薪了，就背后说这人没什么能力，是领导偏心袒护……对自己却截然相反，胸能容海，犯点小错总会找出借口掩饰。早上上班迟到，会说那是前一天晚上加班太晚；过路闯红灯，会说是赶时间忘了看路；走路不小心碰人了，不是主动道歉，反而强辩说不是故意的……如此一来，对别人的抱怨过大，就再也看不到周围真诚的笑脸；对自己宽容过多，定会导致曾经的错误一犯再犯。

二战期间，一支部队在森林中与敌军相遇。激战后，两名来自同一小镇的战士与部队失去了联系。

两人在森林中艰难跋涉着，他们互相鼓励，互相安慰。十多天过去了，他们仍未与部队联系上。一天，他们打死了一只鹿，依靠鹿肉又艰难地度过了几天；不幸的是，以后他们再也没看到过任何动物。他们仅剩下的一点鹿肉，背在年轻战士的身上。没多久，他们在森林中又一次与敌人相遇，经过再一次激战，他们巧妙地避开了敌人。

就在以为已经安全时，只听一声枪响，走在前面的年轻战士中了一枪——幸亏伤在肩膀上！后面的士兵惶恐地跑了过来。他害怕得语无伦次，抱着战友的身体泪流不止，并赶快把自己的衬衣撕下，包扎战友的伤口。

晚上，那个未受伤的士兵一直念叨着母亲的名字，两眼直勾勾的。他们都以为自己熬不过这一关了。尽管饥饿难忍，他们谁也没动身边的鹿肉。天知道他们是怎么过的那一夜。第二天，部队救出了他们。

30年后，那位受伤的战士说："其实，我知道是谁开的那一枪。就是我的战友。在他抱住我时，我碰到了他发热的枪管。我怎么也不明白，他为什么会对我开枪，但当晚我就宽容了他。我知道他想独吞我身上的鹿肉，我也知道他想为了他的母亲而活下来。此后多年，我假装根本不知道此事，也从不提及。战争太残酷了，他母亲还是没有等到他回去。我和他一起祭奠了老人家。那一天，他跪下来，请求我原谅他，我没让他说下去。我们又做了几十年的朋友，我宽容了他。"

宽容是对别人的释怀，也是对自己的善待。读懂宽容，学会宽容，于人于己都有益。学会宽容，可以化解一切矛盾，化干戈为玉帛。不懂得宽容、喜欢谴责别人的人，要先从自身找问题，铭记那句话"当你伸出两根手指去谴责别人时，余下的三根手指恰恰是指着自己。"

大千世界纷繁复杂，人与人的相处难免有暗斗与竞争。如果你不能很好地面对人生的各种不如意，就必然会被各种困难与挫折击倒。因此，学会宽容对待身边的一切，是一生中重要的智慧。

怎样做才会变得宽容？

1. 要学会宽容自己。

大部分人的一生都会曲曲折折，坎坷不平，人生有很多时间是在各种不如意中度过的。人非圣贤，孰能无过，人不可能一辈子不犯错误。也许你胸怀大志，也许你雄心勃勃，可想让周围的人都认可你的言行是很难的；如果你一味地责怪自己，那么你的人生就会处于一种悲愤和压抑之中，你身边的各种问题与困难不仅不会因此而消失，反而会更加频繁地影响着你。因此，要学会宽容自己，保持乐观豁达的态度，微笑面对人生百态。宽容地对待自己，就是心平气和地工作、生活。这种心境是充实自己的良好方法。充实自己很重要，只有有准备的人，才能在机遇到来之时不留下失之交臂的遗憾。知雄守雌，淡泊人生，是耐住寂寞的良方。轰轰烈烈固然是进取的写照，但成大器者，绝非热衷于功名利禄之辈。

2. 要学会宽容爱人。

两个人由相识、相知，到相恋、相爱，最终携手走进婚姻的殿堂，心中无不怀着甜蜜的憧憬、美好的期待。然而时间的巨手可以钝化感觉、磨灭记忆、改变一切。婚前才华横溢、风度翩翩、气质超群、心地善良、不慕钱财，婚后除了才华一无所有、虚头巴脑、形容猥琐、俗不可耐、锱铢必较，原本心仪的东西，如今似乎都走向了反面……生活就是这样，谁敢说自己是"完美"的人呢？既然自己并不完美，凭什么要求自己的爱人完美呢？爱一个人，意味着全身心地、无条件地接受他（她）的一切，包括他（她）坚强掩盖下的脆弱、诚实背后的虚伪、才华表象下的平庸和勤劳反面的懒惰。诚实、善良、美丽、贤惠的是你的妻子；虚伪、做作、小气、庸俗的也是你的妻子。在外夸夸其谈、不可一世、油头粉面、西装革履的是你的丈夫；在家言语粗鄙、行为粗俗、不修边幅的也是你的丈夫。学会宽容爱人，你将会有一个充满爱与温馨的家，一个休养生息的乐园。宽容你的爱人，珍惜与他（她）相伴一生的机会，因为当他（她）离你远去时，一切都为时已晚。

3. 要学会宽容对手。

你的水平和能力在很大程度上取决于对手的水平和能力。即使你不想树立敌人，但是，你也绝对避免不了别人在你身后诽谤你、议论你甚至打压你，把你当成敌人来对待。这时，是选择暴跳如雷愤怒无比，还是选择微笑面对平静理解，就是彰显你人格品质的时候了。如果你怒，你愤，伤了身体，那高兴快乐的还是你的对手。因此，你应该抱着一种宽容的心态，去宽容你的对手，去感谢你的对手。是那些对手让你成长，让你懂得人生之美，让你懂得幸福来之不易，需要加倍珍惜。宽容你想象中的对手，珍惜你们的每一次交锋，因为它让你变得坚强。

4. 要学会宽容朋友。

朋友是一种求大同存小异的志趣相投者，是你人生旅途中幸福和烦恼的分担者。如果你不能够宽容朋友的一些小缺点，对其各种行为求全责备，那你身边的朋友就会一个个地从你身边逃掉，把你孤零零地留在旅途中，让你孤独寂寞，让你憔悴凋零。你要时刻想到朋友带给你的快乐，宽容朋友带给你的不快，这样你才会开心快乐。宽容你的朋友，珍惜与他相处的每一段旅程，因为在擦肩而过的芸芸众生中，难得有几个知己。

自己挠痒自己笑

宽容你身边所有的人，珍惜与他们度过的每一刻，感谢他们陪你走过人生的风雨。宽容和珍惜所有的一切，才是举重若轻，才能领悟什么是苦，什么是乐，什么是爱，什么是恨，才知道人生应该忘记什么，记得什么，放弃什么，学会什么。

宽容，是人不可缺少的品质；宽容之美，亦是生活中不可或缺的点缀。尽管人情易反复、世路多崎岖，只要我们时时能以一颗宽容之心待人，何愁世间不能多温暖，人生不能多坦途，社会不能更美好？

当人生处于低谷时，你要学会打开另一扇窗户，会有更美的风景呈现在你的面前。人生一世，没有什么事情不可以原谅，也没有什么人不可以宽容。学会宽容，就是善待。

第二节　释放仇恨，爱是慈悲

希腊有位哲人说："人是感情动物，每个人都有一个天平，用自己的标准来衡量周围的一切事物。"仇恨有着强大的力量，如果你失去对它的控制，它将给你的人生带来灾难。

力大无比的英雄海格力斯在山路中间发现了一个奇怪的口袋，于是用脚踢它一下，那口袋马上膨胀起来。海格力斯非常生气，于是狠狠地踩它，想把它踩破，但它却加倍膨胀。恼羞成怒的海格力斯拿起粗大的木棒，用力地砸它，但那个奇怪的口袋只是越来越快地膨胀着，最后把整条路都堵死了。这时，山中走出一位圣人，对海格力斯说："我的朋友，快别动它了，这是一个仇恨袋，你若不把它当回事，不惹它，它就会像原来一样小，但如果你记恨它、踢打它，它就会无休止地膨胀下去，挡住你前进的道路！"海格力斯连忙停止踢打，果然，那个仇恨袋渐渐变得跟原来一样大小。

社会竞争、职场压力、付出索取、痛苦快乐、善良丑恶、真诚虚伪等诸多因素给人们带来了许多负面影响，我们总会上去踢打两下，但仇恨并不会因此消失，只会更加疯狂地膨胀，最终把你的前进道路封死，让你承受巨大的压力和伤害！

生活中会遇到摩擦，产生不快，这很正常。种种不快就像路上的仇恨袋一样，只要你静下心，不抱着"此仇不报非君子"的想法，它就会像口袋一样，永远待在那里不动。一旦你失去理智，记恨它，踢打它，它就会无休止地膨胀，并让你陷入无尽的烦恼中，错过人生美丽的风景，再也找不到真快乐，并永远停在那里，没有进步！忘记仇恨，你就会少一重障碍，多一个成功的机会。

林肯说过，把敌人变成朋友，那么消灭了敌人的同时，又多了一个朋友。忘记仇恨，才能提升自己，开阔眼界。其实，在许多情况下，人们所谓的"仇人"也未必就是真的仇人。所有成就事业者，都有一条原则，那就是：记着别人对你的恩惠，忘记自己对别人的仇恨。可以说，忘记仇恨是成功者的法宝。只有忘记仇恨，才能放下心灵的重负，大踏步前进。

生命的意义究竟是什么？为何人生如此多变，为何仇恨常伴随着你？人生的大河你究竟如何渡过？大千世界，感情上的亲疏远近、喜好憎恶往往会影响你对事、对人的看法，人不能总活在梦想之中，更不能总活在自己随意释放的感情之中。面对生活的重担，世道的艰辛，种种不测之仇、郁闷之仇、失去之仇，将会聚成仇恨的袋子，在前进的路上等你。当你被仇恨遮住双眼时，请静下心来，别一时气愤，把所有的错误都归罪于别人，并对仇恨念念不忘。大家都有一个个待解的心结，但要知道原谅别人，就是善待自己；尊重别人，就是尊重自己。

法正是一位德高望重的老禅师，每年都有成千上万的人请他去解答疑问，或者拜他为师。这天，寺里来了几十个人，全都是心中充满了仇恨而活得痛苦的人。他们跑来请法正禅师替他们想一个办法，消除心中的仇恨。

法正禅师听了他们的痛苦后，笑着对他们说："我屋里有一堆铁饼，你们把自己所仇恨的人的名字分别写在纸条上，一张纸条上写一个名字，然后将每张纸条贴在一个铁饼上，最后再将那些铁饼全都背起来！"大家不明就里，但都按照法正禅师说的去做了。

于是那些仇恨少的人只背上了几块铁饼，而那些仇恨多的人则背起了十几块，甚至几十块铁饼。

一块铁饼有两斤重，背几十块铁饼就有上百斤重。仇恨多的人背着铁饼难受至极，一会儿就叫起来了："禅师，能让我放下铁饼来歇一歇吗？"

法正禅师说："你们感到很难受是吧？你们背的岂止是铁饼，那是你们的仇恨。你们可曾放下过你们的仇恨？"

大家不由地抱怨起来，私下小声说："我们是来请他帮我们消除痛苦的，可他却让我们如此受罪，还说是什么有德的禅师呢，我看也不过如此！"

法正禅师人虽然老了，但是却耳聪目明，他听到了，一点儿也不生气，反而微笑着对大家说："我让你们背铁饼，你们就对我仇恨起来了，可见你们的仇恨之心不小呀！你们越是恨我，我就越是要你们背！"

有人高声叫起来："我看你是在想法子整我们，我不背了！"那个人说着，当真就将身上的铁饼放下了。接着又有人将铁饼放下了。

法正禅师见了，只笑不语。终于大部分人都撑不住了，一个个悄悄地将身上的铁饼取些出来，扔了。

法正禅师见了说："你们大家都感到无比难受了，都放下吧！"大家一听，立即就将铁饼放了下来，然后坐在地上休息。

法正禅师笑着说："现在，你们感到很轻松，对吧？你们的仇恨就好像那些铁饼一样，你们一直背着它们，因此感到自己很难受、很痛苦。如果你们像放下铁饼一样放弃自己的仇恨，你们也就会如释重负，不再痛苦了！"

大家听了不由地相视一笑，各自吐了一口气。

法正禅师接着说道："你们背了一会儿铁饼就感到痛苦，又怎能背负一辈子仇恨呢？现在，你们心中还有仇恨吗？"

大家笑着说："没有了！你这办法真好，让我们不敢也不愿再在心里存半点仇恨了！"

法正禅师笑着说："仇恨是重负，一个人不肯放弃自己心中的仇恨，不能原谅别人，其实就是在仇恨自己，自己跟自己过不去，自己让自己受罪！仇恨越多的人，就活得越辛苦。没有仇恨的人，才能活得快乐！"大家恍然大悟。

同事、上司乃至邻居，都有可能成为我们仇恨的对象。然而，当仇恨之火在胸中点燃的同时，我们的身心健康也可能被灼伤。

实际上，人们之所以会有心火燃烧的感觉，是因为仇恨的情绪导致胃液分泌旺盛，从而伤及胃肠。此外，仇恨还可能使我们行为反常、烦躁易怒，最终变成一个十足的讨厌鬼。

仇恨并非无名之火，往往是由别人的伤害引发的。伤害或大或小，都可能是仇恨的导火索。认清仇恨的来源之后，最重要的是想方设法灭火。我们应当认识到，仇恨来自于自己胸中，是无法通过改变仇恨对象而得到缓解的。因此我们应当积极地在自己身上寻找问题，而不应该任仇恨之火肆意蔓延。

排解仇恨情绪是一个净化心灵的过程。我们可以试着说服自己：别人确实伤害了我，但我对此也有一定责任。然后慢慢地让自己接受现实，从心底理解和原谅他人，进而让仇恨情绪随着时间的推移逐渐淡去。另外，我们也应该学着宽容一些，不再那么容易受伤，这样才能防患于未然，不让仇恨之火轻易燃起。

放下仇恨，换来健康轻松的生活，何乐而不为！

第三节　平衡内心，知足常乐

每个人都有梦想，但是我们不能把梦想变成不可收拾的欲望。用平常心生活，幸福便永远在我们的心里。可总有人找不到自己的位置，找不到自己感情的平衡点，于是失衡，膨胀，疯狂，进而毁灭。你看那些贪官污吏，权欲物欲极度膨胀，不惜一切手段去获取，终究玩火自焚。还有些人，得到过，笑了，高调了；后来失去了，反差了，愤愤不平，恨社会，恨别人，恨朋友，甚至恨亲人，恨自己。

任何时候都要找到自己的位置，任何时候都要知足，任何时候都要感恩。连这些都不懂得，与动物何异？要想心理不失衡，就要有一定的砝码来保持平衡。什么是平衡我们内心的砝码呢？是善良，是品质，是知足，是宽容，是感恩。

行凶既有人诛戮，心善岂无天保持。善良的人会增加内心的美德，减少世俗的丑与恶。你善良，就会以助人为乐，就会懂得忠义孝悌，就会迎来自然的恩赐与幸福的降临。

无欲则刚。无欲是一种难得的品质。一个有品质的人，会严格要求自己，追求内心的宁静。宁静不是不作为，而是努力后的不计个人得失，是心底无私天地自宽的海量。

珍重贤圣皆知足。龚自珍的"落红不是无情物，化作春泥更护花"，是落花对泥土的感恩；孟郊的"谁言寸草心，报得三春晖"，是儿子对母亲的感恩；李白的"桃花潭水深千尺，不及汪伦送我情"，是诗人对朋友的感恩；文天祥的"人生自古谁无死，留取丹心照汗青"，是志士对祖国的感恩。

感恩是一种情怀，是一种品格，是一种境界。懂得感恩的人，内心是平静而满足的，灵魂是高贵而温暖的。懂得感恩，你就不会愤愤不平，怨天尤人。

宽容别人，其实就是宽容我们自己。多一点对别人的宽容，生命中就多了一点空间。有朋友的人生路上，才会有关爱和扶持，才不会有寂寞和孤独；有朋友的生活，才会少一点风雨，多一点温暖和阳光。其实，宽容永远都是一片晴天。一个宽容的人，内心是不会失衡的。

人在旅途，难免会遇到一些不愉快的事，如参加比赛名落孙山，珍贵的物品被盗或丢失，工作不顺心，失恋，婚变，与朋友产生误会等，所有这些都会使你烦恼焦躁，情绪低落。那么，如何才能尽快摆脱这些不快的阴影呢？这就需要安定内心。安定内心的意思是要寻找到正确的平衡。若你过度勉强，它会"超载"；若你不够努力，它又会"轻浮"，错失了平衡点。通常，心不是静止的，它不时地在动摇，我们必须巩固它。让内心强大和让身体强壮不同，要让身体强壮，就得锻炼它、勉强它；要让内心强大，则要让它平静，不胡思乱想。对我们大多数人而言，心从未平静，它不曾拥有真正的力量。因此，我们必须在一个合适的范围里将这种平衡建立起来。平衡不是中庸，而是每件事情都力求做到最好。

依靠自我调节、自我解脱来实现心理平衡的有效措施有如下几种。

1. 转移注意力。

心理学家认为，人在心情抑郁、烦躁时，思维容易变得狭隘、闭塞，走进死胡同。所以，当你因某事烦恼时，最好努力使自己暂时忘记它，转移注意力，这样，思维就会开阔起来。否则，一味想着它，反而陷得更深，难以自拔，徒增烦恼。具体而言，当你心情不舒畅时，不妨去做一些平时很感兴趣的事，如看电影，摘抄或阅读一本渴望已久的小说，不知不觉中，烦人的事会慢慢地被淡忘，痛苦烦闷逐渐减弱、消退，心情就会变得明朗起来。另外，运动也能转移注意力，改善不良情绪，使人精神愉悦。

2. 来点"阿Q精神"。

"阿Q精神"，又称精神胜利法。鲁迅笔下的阿Q，挨了假洋鬼子的揍，无奈只好以"儿子打老子，不必计较"来自我安慰一番，倒也很快就心平气和了。适度的精神胜利法对调节心理非常有效，实际生活中人们往往有意无意地运用这种方法来调节内心。如当事业暂时受挫时，可以回忆一下自己昔日的辉煌成就，使自己不必过于自卑；失恋时，努力寻找对方的一些缺点（毕竟人无完人嘛），这样就不至于太难过、太伤心。

3. 换个角度看问题。

我们知道，对于同一件事，从不同的角度去看，结论会不尽相同，心情也会不一样。现实生活中，几乎所有事情都存在积极方面和消极方面。当你遇到不顺心的事情时，如果只看到消极的一面，心情自然会低落、郁闷。这时，你不妨换个角度，从积极的一面看待它，说不定能帮你走出心情的低谷，变得平静、开朗起来。

学会使自我内心平衡，让自己多一点快乐，少一些烦恼，何乐而不为？

任何人都必须面对自我和外部世界，都必须去处理内在自我与外部环境的关系。无论是内向者还是外向者，都需要在外部世界和自我内心世界之间寻求一种平衡。一方面，我们需要建构自我，通过和外部世界之间发生各种各样的关系来建构自我；另一方面，我们需要去适应外部世界，改变外部世界，并得到外部世界的认同，获得价值感、平衡感。

而现实是社会不是理性的公式，人生也并非一成不变，挫折和风浪往往伴随我们左右，因而我们所建立的任何一种固化的平衡，在现实社会中都是脆弱的。因而，平衡不仅仅是"平静"的表现。我们知道，河水的平静只是一种表象，而其下汹涌的暗流往往是我们看不到的；同样，一个平静的人，我们往往难以把握他内心的激烈变化和强大的力量。静止的平衡，我们难以测度，更无法知晓在激流中能否保持。所以，平衡是一种能力，而不仅仅是一种表现。

一个浮于水面的皮球，不管我们如何击打它，即使它沉到了水底，只要皮球未破，它最终仍浮出水面。这就是皮球的平衡。也许我们看到的并不是皮球在水面的时刻，而是它下沉的状态。那些都是它的表象，而不是它的平衡。它真正的平衡来自于一种力量，于球和水而言，就是一种浮力。

人也一样。生活在这个世界上，人不可能不遭受挫折和失败，没有谁可以一帆风顺。一个人可以像皮球那样处于水底，也可以浮于水面，这只是它的位置，说明不了什么。所谓"小隐隐于山，大隐隐于市"，不经历世俗的磨炼，我们无法真正得知一个人修炼的境界。同样地，一个人内心的平衡如果不经历风雨，也难以得到一个真正的平衡。

要学习平衡自己的内心，试着排斥喜欢的，接纳讨厌的，不论情绪、心情、形象、嗜好、家人、邻居、敌人、财物，都同等对待。这并不意味着我们该把心爱的花瓶丢掉。不用这么极端，我们还是可以把花瓶摆出来，欣赏它的美，从中得到乐趣。但是不要老把它搁在心头，而是要做好随时可能会将它送出去的准备。一物不去，一物不来。

我们与他人的关系怎样，取决于我们怎样对待自己。如果要了解我们所维持的与自身的这种关系，那就首先要回答这个问题。这听起来可能有点奇怪——与自身的关系。对自己有清醒的认识是获得其他方面成功的前提条件。如果我们不相信自己，那也就无法让别人信服。精心培育这种能使自己内心平衡的与自身的关系，我们就能找到可以令人清晰思考问题的平静。知道自己身在何处，就能决定往何处去，就能够正确地判断与他人相比自己的强项和弱点，优势和不足。一个人只有内心达到一定程度的平衡，才能确定目标，逐渐实现自己的理想，甚至想象。

内心的平衡也会传递给身体。如果思维不清晰或者内心不平衡，精力就会分散，身体就会在解决不了的矛盾中摇摆不定。在这种情况下，即便没有一个团队能协同工作，也可以把自己本身看作是一个团队，更确切地说是一个由强烈愿望和鲜明特征组成的团队。

　　平衡是自然的规律，是我们内心追求的品质。当我们拥有了善良，具备了优良品质，学会了知足，懂得了感恩，多一点宽容，内心将永远不会失衡。风再大，树一样岿然不动；诱惑再多，你依然不为之心动。

自己挠痒自己笑

第四节　莫要较真儿，难得糊涂

难得糊涂，指人在该糊涂的时候难得糊涂。"难得糊涂"是清朝郑板桥传世的名言，乃是他对为官之道与人生之路的自况。后人感慨这"难得糊涂"四字中富含的哲理，便以横幅的形式挂于家中，作为处世警言。

郑板桥写的"难得糊涂"字幅下，有一行他题的跋："聪明难，糊涂难，由聪明而转入糊涂更难。放一着，退一步，当下心安，非图后来福报也。"这行题跋，当是郑板桥对"难得糊涂"的解释了，即对自己处世哲学的一种解释。

从字幅上标明的日子看，字幅写于乾隆十六年，当时郑板桥正在山东潍县（今山东潍坊）当县令。一向率真、清正廉洁的郑板桥在当时黑暗的官场上很吃不开，常常受到恶势力的嘲讽、刁难。他一面以嬉笑怒骂来抗争，一面又彷徨悲观，产生了出世思想。这时他的情绪，是压抑、苦闷、孤独、自嘲交织在一起的。就是在这种情绪下，他写了"难得糊涂"的字幅，不久便辞官归隐。

这样，就可以明白题跋的意思了："聪明难"——要进取，要"众人皆醉我独醒"当然难；"糊涂难"——得过且过本来并不难，但一个一心想勤政执法，为百姓做事的人心中并不愿意这样做，因此也难；"由聪明而转入糊涂更难"——抗争不过官场的黑暗势力，又不愿昧着良心去"糊涂"，这种"聪明"之后的"糊涂"更难；题跋最后一句"放一着，退一步，当下心安，非图后来福报也"——在前面种种的"难"面前,只能小心从事,知进知退,不冒失,不惹祸,只求心里安宁,不求后世福报。

郑板桥的这种心理和处世哲学,既有积极的一面,即表现了不与恶势力同流合污的立场和骨气;也有消极的一面,即看破红尘的悲观出世思想。"难得糊涂"中表现出来的,更多是消极的出世思想。

现在,许多人爱买郑板桥"难得糊涂"的字幅,主要是他们很欣赏郑板桥的处世哲学。不过,估计有不少人是取消极态度的。"难得糊涂"中尽管有积极的一面,但毕竟趋于消极,和我们这个时代的精神格格不入,终不足取。

郑板桥的"难得糊涂"的名言,在今天运用甚广。题写在匾额上的有之,题写在扇面上的有之,竟然还被纳入中国酒文化的范畴,诞生了"小糊涂仙"酒,连外国人也在中国的电视广告中洋腔怪调地说起了"难得——糊涂——"。是呀,两杯酒下肚,不糊涂的也糊涂了。可中国还有句俗语叫"酒醉心明"……唉,看来,想糊涂还真难呐,真是难得糊涂了!

其实细想起来,钟爱这句名言者大多并不糊涂。试想,没有文化的市井之人,世事不明,可谓糊涂,可他们并不去说什么难得糊涂,也不为自己的糊涂悲哀或欢喜,糊里糊涂地就这么过着,挺好。就是那些并不糊涂的人,总盼望着自己"糊涂",其实是因为太清醒了,这才盼望能"糊涂"一点。

难得糊涂,是人屡经世事沧桑之后的成熟和从容。郑板桥的"难得糊涂"告诉我们的,是一种超越,一种策略,一种睿智,一种坦荡,一种悠然,一种处世之道,是对生活所持的一种态度。自己的思维不能糊涂,但在为人处世上,却是糊涂一点的好。心胸开阔些,心境平和点。淡泊以明志,宁静以致远。坦然面对一切,以静养心,那便是一种超凡脱俗的境界。这种糊涂,与不明事理的真糊涂截然相反,它是人生大彻大悟之后的宁静心态的写照。活得糊涂的人,容易幸福;活得清醒的人,容易烦恼。清醒的人看得太真切,太较真儿,便烦恼遍地;而糊涂的人,计较得少,却觉得人生的大滋味。太清醒的人注定活得辛苦，总有看不惯的，总有放不下的，苦苦挣扎；糊里糊涂的人，日子照样可以过，却活得潇潇洒洒。

这个糊涂其实并非让你做个糊涂虫，做个稀泥抹墙的人，而是让你看清是非，看透人情，选择一种豁达明智的糊涂。"糊涂"既然"难得"，那就应该让这"难得"的"糊涂"发挥它自身的价值。难得糊涂，有着丰富的内涵和外延，仁者见仁，智者见智。既是为人处世的艺术，有着丰富的人生哲理，更是思想境界，体现着个人的人生观、价值观，也折射出个人心态、内心情感和审美情趣。比如在工作中，当和同事有意见分歧，并且再无力解释时，最有风度的表现是付诸一笑，微微点头。

思维能力是上苍赋予人类的唯一宝贵能力，是对人类的厚爱，不用就太可惜了。越是读书多的人，越是爱想问题。而这思维能力，往往是越用越害怕，问题越想越多，苦想却又不得究其穷尽，只觉得寒气逼人，可谓高处不胜寒。于是眼睛一闭，又盼望"糊涂"了。这大约就是"难得糊涂"流传久远的原因了吧。

世界是庞大且纷繁复杂的，很多事情是处于混沌状态之中的，从新兴的前沿学科"混沌学""模糊理论""模数数学"还有"模糊控制"可略见一斑。从这一角度来看，这里的"模糊"便是大智慧的表现。是的，世界之大，世事之多，要想事事究其穷尽，人大概会很累，很累。比如做一件事情，自己吃亏多少，他人占便宜几何，某样东西该不该买，某件事情此时是否非得去做，某种钱该不该花，天热的时候窗户该在几时打开，等等。恐怕都会因时、因地、因人不同而有多种答案。何况，往往20年前看起来是挺合理的事情，今天看起来可能又不合理了；还有，若干年前看起来是大逆不道的事情，今天谈论它可能觉得是一种情有可原的存在了。这样的事情还少吗？世界本来就是多元的，要想事事都有明确的统一标准，却是不可能的。在这些问题上，真的应该"糊涂糊涂"；若表现得非常"精明"，不仅活得太累，而且真的是大愚蠢了。难道不是吗？

事无巨细、斤斤计较、一律顶真，表面看起来挺精明，殊不知实际上是大愚蠢，往往因小失大；表面上看起来为人马马虎虎，啥事也不计较，和善易处，但遇原则问题则毫不含糊，据理力争，有理有利有节，这是大智慧者，因大而弃小。

邓小平先生可谓是"难得糊涂"的楷模。在与撒切尔夫人就香港问题谈判时，什么都可以让步，什么都可以"糊涂"，唯有进驻中国军队、悬挂中国国旗、应用中国法律这三点不可动摇，一点也不含糊。

龙永图先生代表中国参加申请加入WTO谈判，他的经验之谈是运用"双赢"原则——他曾在电视上说过"谈判的技巧就是让步的技巧"，可谓入木三分。在很多问题上，表面看起来中国"吃亏"了、中国人"糊涂"了，但最终中国入世了，赢得了最大的利益，这是大事！

由此观之，难得糊涂是一种很科学、很智慧、很艺术的为人处世之道，掌握起来真不容易。这才是"糊涂"之所以"难得"的原因，因为只有"大智"才能"若愚"。我们自己为人处世是不是也该这样？一律糊涂，不可取；每事糊涂，要不得。该糊涂时就糊涂，不该糊涂时要坚持清醒。

若想做一世聪明的人，就得躲过小人的忌妒，否则身败名裂甚至性命难保。太聪明了，很惹人忌才，特别是上司或者长辈和地位、成就比较高的人，他们不喜欢太聪明的人在身边，功高盖主不是一件容易让人接受的事，假如还有人敢恃才傲物，那他肯定永不得志。他们会想，"有了他这种聪明的人，什么都比我强，那还要我干什么？"人总会有自尊，要赢人先要赢他的心，这样才算真正的聪明。这种聪明不只存在于学识上，还要运用在为人处世上。例如，人与人之间的交际，上司与下属之间的心理调和，要将大家之间的隔膜摒去，在双难尴尬中突围而出。正如孟子所讲："失道者寡助，得道者多助。"如是，方算聪明。

至于糊涂，这里并不是说呆头呆脑的糊涂，譬如，别人说的"放聪明点儿""睁一只眼，闭一只眼"，是叫我们变得"糊涂"，知道的事情装作不知道，从郑板桥的体会是"忍耐"，是中庸之道也。他在官场上吃尽苦头，不管他如何才华横溢，也挤不出半点有用功，泄气了，只得无可奈何。就是这样，他不得不"糊涂"，他厌倦了官场，淡泊了名利，终于做了真正的"糊涂"人，隐退扬州。

不要以为郑板桥没勇气面对困境，他是个书生，而封建社会的官场充满黑暗，任凭他再努力去闯，也冲不破早已紧密、牢固地扭曲在一起的"拜金主义"围墙。

活得聪明，活得逍遥，活得洒脱，做个糊涂人最好。可是，世上又有多少人可以真正做到？聪明难，糊涂难，由聪明而转入糊涂更难。如果容易做到，那"难得糊涂"这四字真言，岂不失去了它的价值？古人以"中庸"为儒家思想的典范，本意是"去其两端，取其中而用之"。也就是说要去除偏激，选择正确的道路。它体现的是端庄沉稳、守善持中的博大气魄、宽广胸襟和"一以贯之"的坚定信念，是具有永久的真理性和现实主义的伟大思想。

人生有许多哲学，一门处世学已足够体现我们在社会上的生存学问，中庸处世，做到的人会不少，但持之以恒者，便寥寥无几了。我们不可能无时无刻做到聪明，亦不会糊涂半生，只要像弹簧那样，能屈能伸且不失本质，已足够"弹性聪明"。

第五节　以和为贵，包容万岁

中国传统文化十分重视人与人之间的和睦相处，待人诚恳宽厚，互相关心理解，与人为善，推己及人，团结，互助，友爱，求同存异，以达到人际关系的和谐。

两千多年前，孔子说过："君子和而不同，小人同而不和。"孔子的弟子有若说："礼之用，和为贵。先王之道，斯为美，小大由之。"礼之运用，贵在能和。即主张借礼的作用来保持人与人之间的和谐关系。孟子提出"天时不如地利，地利不如人和"的思想，把"人和"置于天时、地利之上，更集中表达了对人与人和谐关系的追求。

《国语》记述史伯之言说："夫和实生物，同则不继。以他平他谓之和，故能丰长而物归之。若以同裨同，尽乃弃矣。"不同的事物互相为"他"，"以他平他"即聚集不同的事物而达到平衡，这叫作"和"，这样才能产生新事物。以相同的事物相加，这是"同"，是不能产生新事物的。

春秋时齐国晏子也强调"和"与"同"的区别，他以君臣关系为例说："君所谓可，而有否焉，臣献其否，以成其可；君所谓否，而有可焉，臣献其可，以去其否。"如果"君所谓可"，臣亦曰可；"君所谓否"，臣亦曰否，那就是"同"，而不是"和"了。晏子又说："若以水济水，谁能食之？若琴瑟之专一，谁能听之？同之不可也如是。"这是说，必须能容纳不同的意见，兼容不同的观点，才能使原来的思想成其可，去其否，得出正确的结论。孔子所谓"和而不同"也就是保留自己的意见,而不是说人要"人云亦云"。"和"的观念,肯定多样性的统一,主张容纳不同的意见。

追求人与人关系的和谐是所有民族的共同理想,但中国传统的和谐处世思想又有其独特之处。一方面,中国和谐处世思想特别重视人与人关系的处理;另一方面,对人与人的和谐关系有着独特的理解。

和谐是什么?和谐就是人与人之间友好对待,和谐就是没有矛盾,没有误会。即便产生了误会,也能和平地解决。从古至今,人们一直提倡和谐,像"和气生财""天时地利人和",都在说明和睦相处是有百利而无一害的。

"父皇,让我去和亲吧!千万不要再战争了!"这一幕正是唐朝文成公主远嫁西藏前的情景。

唐太宗时期,吐蕃一带不时发生战乱,唐太宗很是头疼。这时,吐蕃首领松赞干布提出了和亲的要求。作为父亲,唐太宗怎么能舍得把女儿嫁到遥远且又贫穷的地方,这一别可能就再也见不到面;但作为一国之君,他不想让自己的国家战火连天,子民妻离子散。正当他左右为难的时候,文成公主站了出来,于是出现了上面的那一幕。

文成公主入藏后,西藏再无战事。同时,文成公主又为吐蕃带去了玉米、小麦等粮食作物的种子,纺棉、织布也是文成公主带入西藏的。这些唐朝时的生产经验和成果,让吐蕃经济、文化的建设与发展迈向了一个新的台阶。一桩美满的婚事,促进了两个民族之间的友好,一个和和美美的家庭,推动了社会的进步与发展。这难道不是"以和为贵"的最好诠释吗?

在今天,"和"仍然寄托着中华民族的美好愿望,更发扬着中华民族的传统美德,甚至在很久以后,人们将依然是"和"的追随者。

生意场上,不免有些钩心斗角,尔虞我诈,但是最为重要的还是人们常说的和气生财。这句话说得一点也不错。"X总,您先请……""X董事长,为此我感到很抱歉……",有时,就因为和和气气的一句话,会使你签到多少人梦寐以求的合同，更会使你的前途一片光明。

　　退一步海阔天空，也许一句诚恳的"抱歉"，就能换来一个真心朋友；一声"我错了"，就能化解一切恩恩怨怨。

第六节　随遇而安，自得其乐

世间一切事物，皆自有其本身的运动规律，我们不能改变它，但我们可以认识它。各色人等，各有其性格特点，我们只能认同他，包容他，而无理由去改变他。一个人，有他自己的性格、脾气、爱好、道德、理想、人生观、价值观。一句话概括，他有他自己的活法。所谓"不如意事常八九"，你想有一份工作，却偏偏找不到；你找到了工作，却偏偏不是理想的；你想找个理想的对象，而实际对象总有不让人称心如意之处；你想一家人健健康康，可总是这个头痛刚好，那个感冒又犯；你想有辆轿车，可手里没那么多的票子；你开着宝马去兜风，偏遇交警胳膊一横，找了个岔子罚款一百；你高高兴兴地去逛商场，恰逢小偷把衣兜割了个大窟窿。于是乎，各种各样的烦恼便产生了。

其实，消除烦恼的方法很简单，那就是随遇而安。"随遇而安"，从字面上加以解释，其意为："随"，即顺从；"遇"，即遭遇。四字串联起来，可理解为"能顺应环境，在任何境遇中都能满足"。随遇而安是一种人生的至高境界，是一种理性的平常心态，是一种淡定。既来之，则安之。如何让自己学会随遇而安呢？《菜根谭》里有一句话："我贵而人奉之，奉此峨冠大带也；我贱而人侮之，侮此布衣草履也。然则原非奉我，我胡为喜？原非侮我，我胡为怒？"一个人贫也好，富也好，高也好，低也罢，都不会是一成不变的，重要的是要有一颗平常心。

聚与散，幸福与悲哀，失望与希望，假如我们愿意品尝，样样都有滋味，样样都是生命中不可或缺的。

高僧弘一大师，晚年时期把生活与修行合起来，过着随遇而安的生活。有一天，他的老友夏丏尊来拜访他，吃饭时，他只配一道咸菜。

夏丏尊忍不住问他："难道这咸菜不会太咸吗？"

"咸有咸的味道。"弘一大师回答道。

吃完饭，弘一大师倒了一杯白开水喝，夏丏尊又问："没有茶叶吗？怎么喝这平淡的开水？"

弘一大师笑着说："开水虽淡，淡也有淡的味道。"

夏丏尊因为和弘一大师是青年时代的好友，知道弘一大师在未出家的时代，也过过锦衣玉食的日子，故有此问。弘一大师则早就超越咸淡的分别，这超越并不是没有味觉，而是真正能品味出咸菜的好滋味与白开水的真清凉。

生命里的幸福是甜的，甜有甜的滋味。

情爱时的离别是咸的，咸有咸的滋味。

生活中的平常是淡的，淡也有淡的滋味。

在人生路上，我们只能随遇而安，来什么品什么，有时候是没有能力选择的。就像我们可能头一天在朋友家喝好茶，第二天虽不能再喝那么好的茶，但只要有茶喝就好了，如果连茶也没有，心境豁然开朗，喝白开水也是很开心的。

有两个人，出国前都是外企白领，职位差不多高，能力也不分上下。刚到国外，两个人都受到了同样的打击——原来的经验完全用不上，几个月都找不到工作。下一步怎么办呢？于是，随遇而安的那个，选择了生孩子和进学校深造；总是不服气的那个，忍受不了这种挫折，又不甘心就这样回国，终日惶惶。结果，前者不但生了孩子，进修以后还找到了比较满意的工作；后者虽然也找到了工作，却始终不太满意自己的状态，常常嗟叹自己失去的多于得到的，难得开心。

她们两个有着相仿的经验水平，但精神状态截然相反——一个自信乐观，另一个内心充满沮丧。导致她们命运差异的竟然是"随遇而安"这四个字。

表面上看，随遇而安是一种停顿，甚至好像有些随波逐流，落入俗套。可是，当你陷入一种不好的境遇，而又无能为力的时候，当你的生活突发变故，面临重新选择的时候，当你想摆脱现状，却不知道下一步该如何去做的时候……"随遇而安"也许是最好的"解药"——因为人生需要做的事情有很多，这件事暂时不能做，可以先做另一件；因为在你没有完全看清楚这个改变对你意味着什么之前，你无法判断方向；因为你没有积蓄到足够的力量，无法按照自己的愿望去实现理想；因为你不够自信，总想选择最佳时机……

所以，能否随遇而安，考验的是人的应变能力。

当然，随遇而安的最终结果，是建立在你对生活的追求和目标上的。对于某些人，随遇而安是一种过渡性的解决问题的方法，可以帮助自己尽量克服一般人在遇到人生障碍时容易产生的"躁""燥"二气，保持头脑冷静，在现有的条件下做到最好，同时寻找最适合自己的出路。对于对人生质量要求更高的人而言，它也是一种境界，是让人无论身处何位，都能豁达从容，游刃有余，运筹帷幄。而我们大都是凡人，人生的道路上总会出现判断失误，遭遇意外，进行错误选择，当然甚至接受命运安排。不如意时该怎么办？——自暴自弃？妥协？还是随遇而安，默默地寻找时机，同时享受踏实的现实生活？

随遇而安是人生的一大境界，它让人们在悠闲、淡泊、宁静、孤独中安排自己的心境；让人直面生活中的不幸与苦难，适应各种环境。

随遇而安是一种适应，更是一种接纳，它需要人有足够的勇气和胆识来接受新的困难和挑战。

随遇而安其实也是一种选择、一种涵养、一种豁达与包容，是一种人生况味。它并不是对命运之神的逆来顺受,而是对人生境遇的客观、冷静的面对。

随遇而安与"与人为善""宠辱不惊"构成了人生坦荡旷达的三种心境。随遇而安也是一种宠辱不惊,闲看庭前花开花落,去留无意,漫随天外云卷云舒。

随遇而安不是苛求,更不是勉强,它是人生的一大智慧,需要你去用心体验。它同样与缘分相随。缘聚缘散淡如水,随遇而安求自然。

人在顺境中随遇而安,在困境中同样随遇而安。"塞翁失马,焉知非福",看似老生常谈,但倘若一个人真能做到宠辱不惊,懂得有失就有得的道理,那真是难能可贵,既不会为一时的得失争得个鱼死网破,也不会因情而怒,因利而仇,也就不会有亲兄弟反目成仇,父子俩形同陌路,也就不会有唐朝孟郊的那首"春风得意马蹄疾,一日看尽长安花"的登科后之狂喜。

不同的人有着不同的境遇,不同的境遇就有着不同的境况。我们无须歧视尚比自己弱的那些群体,亦无须面对逆境自暴自弃。其实命运对任何人都是公平的,富人有富人的苦恼,穷人有穷人的乐趣,只是人和人的境遇不同,才决定了人的欢乐与苦恼的不同。有人说人生像一杯醉人的烈酒,下得腹中,甘苦自知;有人说人生如一场拥挤的集会,熙熙攘攘,利来利往;有人说人生是一段如歌的行板,一路唱来,悠然在心;有人说人生若一场残酷的战争,赤膊上阵,却胜败难料……如此种种,各执其词,其间各有各的得意欢笑,亦各有各的失意悲哀。

随遇而安告诉人们,面对逆境和厄运要学会承认现实,接受现实,适应现实,与其怨天尤人,或是一味逃避,不如因势利导,适应环境,在既有的条件下,尽自己的力量和智慧,去发挥和创造,寻求新的道路,以获得进步、快乐和宁静,假以时日,兴许便有了打破困境的出口。在不幸中寻找到有幸,在黑暗中见到光明,这就是随遇而安。处处以快乐的心境面对生活中的事情，往往正是这样，有时你求都求不来的东西，反而在不经意间就来到你的身边；有时你想不到的一些事情，也往往可能会出现惊喜。生活就是这么奇怪，五彩缤纷，酸甜苦辣，纷繁复杂，有得意，有失意，说不清，道不明。唯独要试着习惯，在逆境中，不甘沉默，勇往直前；在顺境中，不骄不浮，追求事业。

第七节　学会感恩，与爱同行

在《生活中的定律——贝勃定律》中有这么一句话："当我们处在父母和朋友的关爱中时，往往对他们的这些关爱习以为常，不再察觉。我们总是期望他们能对自己付出更多的关爱，一旦他们稍有欠妥，就恶言相向。可是陌生人给予的些许帮助，却让我们感激不已。"

不知你是否也有过这种感觉。诚然，对于陌生人的帮助，我们应当报以感谢。可是对于亲友的帮助，我们为什么不报以更大的感恩呢？

拥有一颗感恩的心，使你对世间的诸多事情改变看法，让你少一些怨天尤人和一味索取，多一些爱心和奉献。滴水之恩，当涌泉相报。父母的养育之恩，亲友的知遇之恩，得以共事的缘分，等等。不要等到失去了，才懂得珍惜。感恩，不仅是一种心态，更是一种美德。

一次，美国前总统罗斯福家里被小偷光顾，丢失了许多东西。一位朋友闻讯后，忙写信安慰他，劝他不必太在意。罗斯福给朋友写了一封回信："亲爱的朋友，谢谢你来信安慰我，我现在很平安。感谢上帝。因为，第一，贼偷去的是我的东西，而没有伤害我的生命；第二，贼只偷去我的部分东西，而不是全部；第三，最值得庆幸的是，做贼的是他，而不是我。"

对任何一个人来说，失盗绝对是不幸的事。可是罗斯福却从中找出感恩的理由，他的优秀人格和处世哲学，不正提醒我们要学会感恩吗？

人生不会一帆风顺，我们会遇到种种挫折和失败。如果我们不勇敢地面对,旷达地处理,而是一味地埋怨生活,只会使自己变得消沉、萎靡不振。拥有一颗感恩的心,像罗斯福那样换种角度去看待人生的失意和不幸,你就总能保持健康的心态、完美的人格和进取的信念。

英国作家萨克雷说:"生活就是一面镜子,你笑,它也笑;你哭,它也哭。"你感恩生活,生活将赐予你灿烂的阳光;你不知感恩,只知埋怨,就只会终日无所成,沦落困境!

感恩并不是要你给自己心理安慰,也不是对现实的逃避;感恩是一种歌唱生活的方式,它来自对生活的爱与希望。怀有一颗感恩的心,能帮助你在逆境中寻求希望,在悲观中寻求快乐。

感恩是一种处世哲学,也是生活中的大智慧。一个智慧的人,不会为自己得不到而斤斤计较,也不会一味地索取和使自己的私欲膨胀。学会感恩,为自己已经拥有的一切而感恩,感谢生活的恩赐。这样你才会有积极的人生观,才会有健康的心态。

每天心怀感恩地说"谢谢",不仅自己有积极的想法,也使别人感到快乐。在别人需要帮助时,伸出援助之手;而当别人帮助自己时,以真诚的微笑表达感谢,等等。这些小小的细节背后,是一颗颗感恩的心。

如果你想表达对别人或生活的感恩,不妨从以下几个简单的举动做起。

1. 养成感恩的习惯。

每天清晨醒来时,默默地感恩已有的生活和所爱的人,感恩美好的天气,感恩给予内心感动的人和事情,比如来自他人的善意的微笑,爱的礼物,友好的帮助,等等。

2. 写一张表达谢意的纸条。

如果别人向你寄来一封表达谢意的信,你一定会很开心吧?当你向别人表达谢意时,并不需要正式的感谢信(虽然那更棒了),一张小小的纸条(或短信、email)就可以了。

3. 送出一个小小的拥抱（在适当的时候）。

对你深爱的人，对与你共处很长时间的朋友或同事，给予一个小小的拥抱，作为很好的礼物来表达感恩。

4. 对每一天怀有感恩之心。

你并不需要感谢特定的某人，因为你可以感谢生活，感谢今天又是新的一天。一位怀有感恩之心的朋友常常跟我说，当你每天醒来时，应该这样想："我真是个幸运的人！今天又能安然地起床，而且还有崭新的完美的一天。我应该好好珍惜，去扩展自己的内心，将自己对生活的热情传递给他人。我要常怀善心，要积极地帮助别人，而不要对别人恶言相向。"

5. 送出不求回报的小小善意。

不要为了私利去做好事，也不要因善事小而不为。留心一下他人，看看他们喜欢什么，或者需要什么，然后帮他们做点什么（倒杯咖啡，递下茶水等）。行动强于话语，说声"谢谢"不如做一件小小的善事来传递善意。

6. 送出一份小小的礼物。

并不需要昂贵的礼物，小小的礼物也足够表达你的感恩了。

7. 列一份你感谢别人的清单。

列一份这样的清单，大概十到五十几条，表达你对别人的感受，为什么喜欢他，或者他在哪些地方帮助了你，而你对此深怀感激，然后将这份清单交给他。

8. 公开地感谢别人。

在一个公开的地方，表达你对别人的感谢，比方说在办公室里，或者在与朋友和家人交谈时，在博客上，在当地新闻报纸上，等等。

9. 给人一份意外的惊喜。

小小的惊喜可以使事情变得不一般。比方说，在妻子下班回到家时，你已经准备好了美味的晚餐；当母亲去工作时，发现自己的汽车已经被你清洗得很干净；当女儿打开便当时，发现你特意做的小甜点。这些都是一份又一份意外的惊喜哦！

10. 对不幸也心怀感激。

就像罗斯福家中被盗后，给朋友的回信一样，即便生活误解了你，或者使你遭遇挫折与打击，你也要心怀感恩。你不是要去感恩这些伤心的遭遇（虽然这也使你成长），而是要去感恩那些一直在你身边的亲人、朋友；感恩你仍然拥有的工作、家庭；感恩生活依然给予你健康和积极的心态，等等。

感恩是一个人该拥有的本性，也是一个人拥有健康性格的表现。生活、工作、学习中都会遇到别人给予你的帮助和关心，也许你不能一一地回报，但是对他们表示感恩是必要的，也是必需的。

感恩是一种处世哲学，是一种善意的表现。心存感恩的人是智慧的人，智慧的人应该为自己已有的而感到满足。感谢父母给了我们生命，感谢家人一生的陪伴，感谢工作给我们提供了生活的物质基础，感谢朋友在需要时给予的帮助，感谢头顶蔚蓝的天空，感谢脚下辽阔的大地，感谢郁郁葱葱的树林，感谢巍峨耸立的高山，感谢明月照亮了夜空，感谢朝霞捧出的黎明，感谢春光融化了冰雪，感谢大地哺育了生灵，感谢生活赠予友谊和爱情，感谢苍穹深藏理想与幻梦，感谢时光常留永恒公正，感谢收获，感谢和平，感谢一切拥有，感谢……

我们要学会感恩，时时感恩，久久感恩，不要认为一切都是理所当然。亲人的关心和疼爱不是理所当然，是无私的爱，要感恩，要回报；朋友的帮助和关怀不是理所当然，那是情感交融的美好境界，要感恩，要回报；天空与大地的存在更不是理所当然，那是上帝赐予我们生存的必要环境，要感恩，要回报。

怀揣着一颗感恩的心，你就会觉得家人是那样的可亲，朋友是那样的友善，生活是那样的美好；怀揣着一颗感恩的心，你不会再为出门时的阴雨天而抱怨，不会再为一点儿小事而斤斤计较，也不会再为自己的生活是否富有而或喜或悲。

回报你的父母，不一定要给他们千贯金，万贯银；回报你的朋友，也不一定要大摆筵席。只需要一个小小的拥抱，一句简单的"谢谢"，一份小小的礼物，一个意外的惊喜……

懂得感恩的人，才是天底下最富有的人。感谢那些曾经帮助你的人，原谅那些曾经伤害你的人，不要让爱你的人失望，人生会因此变得更加充实和快乐。

―――― 第五章

改变自己

你是不是有被自己的不安全感和不确定压得喘不过气的感觉?

第一节　你有什么可怕的呢？

世间极少有无所畏惧之人，你可能怕高，怕蜘蛛，怕面对陌生的环境，怕拒绝他人。害怕失败会影响到每一个人。对有些人来说，害怕足以让他们瘫在地上。无论你的害怕来自哪里，害怕会形成堡垒，将你深深围困。你寸步难行，但你可以正面迎击，将害怕当作迈向新生活的契机。这一切，都是你的选择。

但害怕也不总是坏事。显然有些事我们应该感到害怕，应该学会谨慎对待。比如电，一个小孩子如果不害怕电，那可能会让电毁了自己。

而一旦害怕占了上风，阻止我们进行适当的冒险，束缚住我们的手脚，让我们只能在足够安全的范围内活动，那么我们中的很多人将永远远离成功。失之东隅，收之桑榆。虽然生活没有带给我们富足，但肯定有其他的礼物等待着我们。

害怕失败会有什么样的表现呢？

1. 拖延。

你是不是有拖延到最后一分钟的习惯？这样一来，崇尚完美的你就可以为可能的失败找一个理由，但是这样做的话，你就平白无故地创造了一个你希望能够避免的失败。

2. 怠慢。

你是不是有被自己的不安全感和不确定压得喘不过气的感觉？你是不是

就这样放任害怕心理把你彻底击垮，与千载难逢的机会擦肩而过呢？对成功的担忧，实际上是害怕自己成功以后可能存在失败的心理。

3. 反应过激。

你是不是易怒，排外，或者表现得很有侵略性？如果你害怕失败，就可能发现你的反应会比之前对类似情况的反应强烈许多。你的害怕心理是不是在让你做出这种反应，而不是冷静地对待生命呢？

4. 沉溺。

你会不会通过自残来减轻自己的压力？你会不会已经对害怕的心理感到麻木，因为你完全找不到方法来克服它？

为了克服恐惧心理造成的不良状态和后果，我们能做些什么？或者说，恐惧来自于我们心理状态或者观念上的退缩与误解，对我们造成不可避免的困扰。

那么怎样改变和端正我们的态度，才能真正克服害怕心理带给我们的消极情绪和逆境？

1. 人人都有"天敌"。

别人对你害怕的东西可能并不感到恐惧，不过人人都有"天敌"，明白了这一点，你就不用担心只有你一个人害怕这个东西了，并且对某些事物怀有恐惧并不意味着你是弱者。

Tom是家里唯一一个不那么害怕小虫子的人，比如蜘蛛。如果他的妻子或孩子在家里发现了蜘蛛，不管它有多大个头，不管他有多忙，他都得放下手边的事情去把它处理掉。有一次，Tom外出公干，突然接到妻子的电话，她的声音显得惊慌失措，原来是因为她发现厨房里有只蜘蛛。他只能挂断电话，让一位邻居来帮忙处理这只该死的蜘蛛。类似蜘蛛等小昆虫的出现是不会带给Tom多大困扰的，但如果是黄蜂，他一定会落荒而逃。有一次，Tom在刷墙，感觉有一只黄蜂正朝自己飞过来，为了不让这可恶的小家伙继续靠近，有机会蛰到他，他不得不从二十米高的楼梯上跳了下来。

找个人聊聊你的恐惧，没准儿你会发现某个人曾经和你一样害怕某个东西，通过他，或许你可以找到克服这种害怕的方法。

2. 对害怕进行估计。

如果你站在悬崖边的一块摇摇欲坠的大石头上，这种害怕的心理会让你的身体产生肾上腺素以提示你危险的存在，会让你重新站回到安全的地方。当然，你也可以完全不加理会，那样的结果很可能就是，掉下去。那世界上再没有任何积极的方法能救你了。

先确定你确实需要克服害怕的心理。因为害怕是机体给你拉响的警报，但也可能会在不需要的时候响起。是上帝在用让你害怕的方式暗示你的选择有危险，还是你确实应该不顾害怕而勇往直前并最终冲破重围实现目标呢？人生经验会让你变得过于谨慎，害怕冒险的心理可能使你错失良机。人生需要权衡，如果你决心走出害怕，那你就一定能走出来。

为了集中注意力往积极的方面想，克服害怕的心理，你必须首先了解它。最坏的情况会是怎样？把失败的后果都写下来，看着你的答案，会让事情变得更具体。如果世界末日到了，这些又何足挂齿呢？你会家破人亡吗？你会名誉扫地吗？你担心失败会让所有这些消极的事情一一发生吗？你会想一旦失败，你就一文不值了吗？把这些害怕失败所传达给你的信息记录下来。

3. 留心自己对恐惧的阐述方式。

有一位智者说过，"比起已发生的事情，用何种方式告诉自己发生了什么更为重要。"毋庸置疑，当想到害怕的事的时候，我们会联想到许多糟糕的画面，但是这些不会因此而成为现实。

对未知感到恐惧完全是人类的自然反应。你无法预知挂掉一个刁蛮客户的电话会有什么结果，你也不能确定老板会对你真实地说出自己的想法做何反应。为什么不把所有可能的结果列出来？把冒险带来的损失列出来？这张清单或许可以帮你看清恐惧来得有多滑稽可笑。

不要把事情往坏处想，别忘了把可能带来的好处写上，要往好的方面想。

4. 不要想着一步登天彻底消除恐惧。

高中时候，邓肯非常内向，大二的演讲课给他带来了不小的挑战。他第一次的演讲任务是在同学面前做一个五分钟的自我介绍，他在恐惧中结结巴巴地讲了两分钟，他觉得他要在讲台上昏过去了，所以他中断了演讲，回到自己的位子上。那次作业的成绩，他只拿了"F"，老师知道他真的是在同讲台做斗争，就让他课后去找老师。老师很善解人意，给了他很大的鼓励。等他第二次必须做演讲的时候，表现得就好多了。他在大学继续学习广播新闻学，包括报道和广播校园新闻，毕业后的第一份工作就要求和青少年进行数周的交谈。这段日子里，他每个星期都要面对数百人。虽然有时候他也想变成蝴蝶飞走，但比起高中时代，他已经从容多了。这种改变不是一蹴而就的。要记得：即使只是一小步的迈进，也是进步。

把害怕的东西、想克服的恐惧写下，列出你认为可以做到的能让你试着直面恐惧的三个小目标，选择一个，明天就开始尝试。

5. 有必要重新解释。

一旦你得到害怕所带给你的信息，要试着用积极的想法来重新放置它们。你可能会失败，但是通过一次次的失败，你将离成功越来越近。你的身份并不会因一次次的失败而有所改变，你将成为你所希望成为的样子，正视害怕，创造成功。你可以从那些鼓励你的人那儿获得支持，但你还是要做你自己的啦啦队长。

害怕是你的朋友。它提醒你，当你所做的决定不利于实现你的人生目标时，可以帮助你通过改变方法来避免给自己的人生留下悔恨。如果它想要给你的成功之路设下重重阻碍，那么它是在给你不断提高自己的机会，走出过去，成为一个更优秀的人。不受害怕的影响，勇敢生活下去的秘诀，就是拥抱害怕。

6. 让它无法影响我们。

你的过去会影响你现在的感知与理解。就好像透过放大镜看，危险会比实际上大出许多，这是因为你陷入过去失败的回忆当中。去除这些不确定性和过去对你的影响，努力削减它的力量。外伤、损失以及痛苦的回忆，都会影响到你对现实的看法，就算是一点小事，也会使你在现实生活中做出一些失去理智的行为来。在人生探索的道路上，害怕还会不成比例地放大，你应该试着把它还原到原有的程度。

试想，当你还是个孩子的时候，你光着脚踏进一群红蚁中，那种疼痛好像会永远持续下去，当然，还包括你去治疗脚伤而错过野营的欢乐时光的那份难过。后来，你有了自己的孩子，你发现自己总是提防着蚂蚁，而且总是担心自己下一步将踏进那儿。这很荒谬。但是你甚至都没有发现你在做这些事，直到有一天你发现自己的孩子也在找哪儿有蚂蚁，你突然停了下来，原来他们也这么做。你做了一个清醒的决定，你要改变这种害怕的心理，你不断地提醒自己你的那个百年难遇的不幸经历不太可能会重演。多少次尝试改变过后，当你和孩子们在户外玩耍的时候，你们只是尽情地玩乐，如果你们发现了一群蚂蚁，那么你们会躲开，但这是你们最后考虑的事情。生命太短暂了，我们把生命花在担惊受怕上不值得，能这样想的话，害怕就变得不堪一击了。

7. 失败并不是世界末日。

如果说有一种恐惧为人类所共有，那一定是害怕失败。在一些戏剧中，失败意味着潜在的毁灭，甚至是生命遭受威胁，但多数时候并非如此。害怕失败，害怕思想短路，害怕挑战性的工作，让我们失去丰富生活的机会和体验。

如果因害怕失败而不敢将想法付诸实践，你就把机会拱手让给了别人——你不做，自有其他人会做。托马斯·爱迪生被认为是在 1879 年发明了白炽灯，可真相是早在这数十年前灯泡就已经被发明出来了。1801 年，戴维发现电流可以使铂丝发光，但是铂太昂贵，他没有继续深究。1840 年，詹姆斯·鲍曼·林德赛把铂灯丝固定在玻璃罩里，为了不让铂丝氧化，他抽出玻璃罩里大部分的空气，世界上第一个灯泡产生了。然而，铂那昂贵的价格再次成为阻碍，詹姆斯没能把它商业化。爱迪生的实验比前人晚了不止 30 年，通过借鉴前人的经验和数千次的实验，终于在众多材料中找到适用于生产的灯丝，取材于炭化竹，可连续发光 1200 小时的灯丝。爱迪生没有浅尝辄止，他设计了一个分流系统，保证了灯泡的寿命和实用性。

人们会怀疑一切事物，但绝不会认为爱迪生完善灯泡的尝试是个败笔。爱迪生把每次失败都当作重要的一课，而且更重要的是，他没有让阻碍前人的困难挡住自己的脚步。

失败可以是终结，也可以是带领我们走上另一条成功之路的经验，关键看我们怎样看待。"一次不行，再接再厉。"这句谚语虽年代久远，却不失为一个良方。

如果你害怕失去，那就把自己想象成一个出师不利的人，这种情况下你能做些什么，把它们列出来。高瞻远瞩，永远不会错。

8. 把恐惧当作成长的良机。

你真的不想害怕的，对不对？你是否想过如果你不害怕了，生活会变成什么样？无论如何，你该知道生活将更加美好。如果你能看到克服恐惧后的好处，或许你会发现值得冒险的世界。

花几分钟列出消除恐惧的利弊有哪些；

克服恐惧后可以获取哪些潜在利益；

如果不再害怕，你的生活将会产生怎样的不同？

哪些事是你因害怕而不能随心所欲去做的？

不再害怕之后，你会失去哪些？

如果你能客观地列出克服恐惧的好处，那么你离把恐惧当作成长机会的境界不远了。谚语有言，"不入虎穴，焉得虎子"。许多类似的谚语，如"无小人，无君子"，都通过了时间的考验。不舒展筋骨，我们就无法长大。在人体器官中，确实存在这种情况，肌肉不经常使用会变得越来越小，最后失去作用。这种真实性在生活中不见得会打折扣。

建议每个人用一两段文字描述克服囚禁你许久的恐惧后生活将产生的不同，以及这种结果值得冒风险的原因。

9. 利用害怕。

恐惧也不总是件坏事。显然有些事我们应该感到害怕，应该学会谨慎对待。但如果让恐惧占了上风，阻止我们进行适当的冒险，我们也允许它把自己的手脚束缚住，只在足够安全的范围内活动，我们中的很多人将永远远离成功。或者我们可以欺骗自己，失之东隅，收之桑榆，虽然生活没有带给我们富足，但肯定有其他的礼物等待着我们。

第二节　战胜自己，克服障碍

《法句经卷上·述千品》中有一句话："千千为敌，一夫胜之，未若自胜，为战中上。"这个偈子的意思是，如果以一个人的力量战胜了成千上万的敌人，当然是够勇猛的战将了，但是，这样还不如把自己的烦恼的心给战胜了更有价值。说白了，这就是我们常说的"人最大的敌人是自己"。

人的一生，总是在与自然环境、社会环境、家庭环境进行着适应与克服的挣扎。因此有人形容，人生如战场，勇者胜而懦者败。从生到死的生命过程中，所遭遇的许多人、事、物，都是战斗的对象。其实，人的心念不受自己指挥，那才是最顽强的敌人。

如果人没有危机感、竞争力和进取心，可能会失去生存的空间，所以许多人都会殚精竭虑地为自己发展谋取利益、早早地为孩子安排前途。

人生的战场上，千军万马，杀气腾腾。一位在打仗时能够万夫莫敌、屡战屡胜的常胜将军，他的内心是否平安、自在、欢喜？很难说。拿破仑在全盛时期几乎让整个地球震颤，战败后被囚禁在一座小岛上，相当烦闷痛苦，难以排遣，他曾说："我可以战胜无数的敌人，却无法战胜自己的心。"

可见，能够战胜自己的心，才是最懂得战争的上等战将。

要战胜自己可不是一件简单的事情。一般人在得意时就会忘形，失意时难免自暴自弃；在人家看得起时就会觉得自己很成功，万一哪天落魄了就认为没有比自己更倒霉的人了。唯有不受成败、得失的左右，不受生死、存亡

自己挠痒自己笑

等有形无形的情况影响，心依然自在，才算战胜自己。

平常人很难做到不受环境的影响，矛盾、冲突、挣扎，经常发生。发生在心外的事或许比较容易应付，但发生在内心的问题则较难处理。这时，就需要进行自我排解。

著名的江民杀毒软件创始人王江民，因小儿麻痹而导致终身残疾，但他凭借自己坚强的毅力和坚韧的努力，缔造了中关村的传奇。

王江民出生于山东烟台的一个普通家庭，3岁时感染了小儿麻痹症，病愈后一条腿落下了病。从王江民记事起，他的腿就"已经完了"。从此，他不能和小伙伴一起奔跑，跳跃。下不了楼的王江民每天只能守在窗口，看大街上熙熙攘攘的人群。寂寞时，拿一张小纸条，一撕两半，将身子探出窗外，一捻，往楼下"放转转"。在很长的时间里，王江民都有自卑的感觉，觉得自己是社会的弃儿。他拖着那条不灵便的腿，经常被人欺负，上小学一年级的时候，那条不方便的腿又被人骑自行车压断了一次。

通过读书，他对人生有了新的认识。高尔基的一句名言——"人都是在不断地反抗自己的周围环境中成长起来的"，对他启发很大。他迫切地感到要想增强自己的意志力，适应社会，适应环境，征服人生道路上的坎坷与磨难，首先就要从战胜自己开始。可是他走出的人生第一步却异常沉重。

当时，自行车是出行唯一的交通工具，会骑自行车也是成功的标志，于是王江民把自己的第一步确定为要像正常人一样，学会骑自行车。可是因为他的腿不方便，没劲，站不稳，站、走都需要支撑物，这样，上车时一只脚就站不住。于是他就先不学上车，而是先把自行车放稳后（过去的自行车有一个支架），先爬上去，然后身体向前一使劲，自行车就开始向前走，可是刚开始脚没有跟上踏起来，另一只脚又没劲踏脚踏板，自行车倒了，他摔了下来，脚站不稳，就连车和人一起重重地摔倒在地。可以说，他学骑自行车就是在不断的摔倒中进行的。

他费了九牛二虎之力能够骑着车走了，可下车又成了问题。刚开始学下车时，有一次忘了刹车，车速非常快，他摔了下去，手又不知道放开，自行车就拖着他在地上走。为此，他半边身体都被水泥地擦破了，鲜血直流。有人说："算了吧。何苦这样折磨自己呢？"可他偏不，爬起来，身上的血也不擦，继续练习下车。

在千万次摔倒之后，王江民终于征服了那辆看似无法驾驭的自行车。他终于可以和正常人一样，骑车外出了，那一刻，他感觉到残疾不能阻挡自己的理想，不能阻碍自己干任何事。

而后，在饱尝了苦涩的海水之后，王江民终于学会了抬头游泳。从不会游泳到喝海水，最后到会游泳，他在很冷的天也要下水游泳，在冰冷的海水里锻炼忍受力。王江民就是这样凭着坚强的毅力不断战胜自己，为自己打开了本不属于他的一扇又一扇大门。

王江民一辈子没有上过大学，在38岁后才开始学习电脑，却开发出了中国首款专业杀毒软件，2003年，他由此跻身"中国IT富豪榜50强"。他先后被授予"全国青年自学成才标兵""全国新长征突击手标兵"等称号。从某种角度来说，他的成功也是他做人的成功，是战胜自己意志的成功，是战胜自身残疾的成功，是不向命运低头的成功！

"解铃还须系铃人"，那么心理障碍的这个"系铃人"是谁呢？这个人就是我们自己。那么应该如何克服心理障碍呢？自己走出困境才是最好的解决方法。我们应该如何做，才能走出困境呢？

下面为大家介绍一些自己克服心理障碍的方法。

1. 开开心心看周围的世界。

这世上不是每个人都非常顺利，只看我们怎么解决。比如你坐公交车被人踩了脚，虽然别人向你道歉了，但你还是会觉得非常恼火，你却没想过也许踩你的人其实心里比你还难受。

2. 不要想自己的心情不好。

想到心情不好就会心情不好,所以就不用想心情不好,如果还是想,那就让自己忙起来,让自己没空去想它,让自己充实地过好每一分钟。早晨醒了,就不要赖床,醒了就起来,忙起来,推开窗,呼吸清晨的新鲜空气,放松全身,想象自己是一个快乐的天使……

3. 亲近自然。

选择一个空气清新、四周安静、光线柔和、不受打扰、可以自由活动的地方,找一个自我感觉最舒适的姿势,站着、坐着或躺下。

4. 活动一下身体的大关节和肌肉。

速度要均匀缓慢,动作不需要有一定的规律,只要感到关节放开、肌肉松弛就行了。

5. 深呼吸。

慢慢吸气,然后慢慢呼出,每次呼气时在心中默念"放松"。

6. 将注意力集中到一些日常物品上。

比如,看着一朵花、一点烛光或任何一件柔和美好的东西,细心观察它的细微之处;点燃一些香料,吸取它微微散发的芳香。

7. 闭上眼睛,着意去想象一些恬静美好的景物。

如蓝色的海水、金黄色的沙滩、朵朵白云、高山流水等。

8. 做一些与当前工作无关的喜爱的活动。

比如游泳、洗热水澡、逛街购物、听音乐、看电视等。

生容易,活容易,生活却不容易。别发愁,这个社会上生活状况和你差不多的人非常多,但他们都快乐地生活着,并不是每个人都能成功,只要你努力对待每件事情,认真对待每一天,不管怎么样,你的人生都会是精彩的。

第三节　等待环境改变，不如改变自己

有一个小故事，说是一头老驴不慎失足掉进一口很深的废井里。主人权衡一番之后，认为把它搭救上来很不划算，便舍它而去。随后，每天都有人往废井里面倾倒垃圾，孤零零的老驴非常悲伤，心想自己为什么这么倒霉呢，为主人出了一辈子的力气，掉进井里主人就不要了，还有人将那么多的垃圾扔到自己身上，真是死都不能死得舒服点。

但是没过多久，它的心态突然发生转变，决定借势发力，改变自己的命运。它从垃圾中寻找一些残羹剩饭来维系自己的生命，并把被扔下来的垃圾踩在脚下，使自己在井底慢慢地升高。终于有一天，它竟然踩着垃圾又回到了地面上，获得了新生。

这头驴子在没有任何可依靠的人来救援的情况下，先是改变了自己的心态，后来凭借着自己的信念和努力一点点向成功靠近，最后获得了成功。

当你觉得自己和外在环境格格不入的时候，要改变别人、改变环境是比较困难的，这时候不如试着改变自己！

一个小男孩在他父亲的葡萄酒厂里看守橡木桶。每天早上，他都很用心地将每个橡木桶擦拭干净，然后一排排整齐地摆放好。但是令他生气的是：往往一夜之间，风就把他排列整齐的橡木桶吹得东倒西歪。

小男孩很委屈地哭了，父亲摸着孩子的头说："孩子，别伤心，我们可以想办法去征服风。"于是小男孩擦干眼泪，坐在木桶旁边想啊想啊，终于想

出了一个办法。他去井边挑来一桶桶的清水，倒进那些空空的橡木桶里，然后忐忑不安地回家睡觉了。

第二天，天刚蒙蒙亮，小男孩就匆匆爬了起来。他跑到放橡木桶的地方一看，那些橡木桶一个个还是排列得整整齐齐的，没有一个被风吹倒的，也没有一个被风吹歪的。小男孩高兴地笑了。他对父亲说："要想橡木桶不被风吹倒，就要加重橡木桶的重量。"小男孩的父亲露出赞许笑容。

是的，我们可能改变不了风，改变不了这个世界和社会上的许多东西，但是我们可以改变自己，给自己加重，这样我们就可以适应变化，不被打败。

现在的社会，竞争越来越残酷，人们的压力也越来越大。往往付出很多，却受益微小，成功的人总归是少数，大多数人还是挣扎在前往成功的路上，然而不努力就只能徒增伤悲。处在人生低谷的时候，很多人习惯于抱怨，学业的失败，亲朋的冷漠，生意的失意，工作的不顺心，家庭的不和谐，仿佛全世界的不如意一股脑儿地都摊到了自己身上，仅存的一点体能都放在了抱怨上面。而当精神被埋怨蒙蔽，就会忽略实际行动，就会让自己在失意的垃圾堆里越陷越深。

托尔斯泰说过："世界上有两种人：一种是观望者，一种是行动者。大多数人都想改变这个世界，但没人想改变自己。"当你不能改变这个世界时，改变自己才是明智的选择。我们改变不了事情，但可以转变心情；我们改变不了过去，但可以转变现在；我们不能左右他人，但可以把握自己；我们不能事事顺利，但可以处处用心。做人要柔和，谦和，像水一样顺势而为；做事要诚实，忠实，像山一样踏实本分。要改变现状，就得改变自己；要改变自己，就要改变自己的观念。一切成就，都是从正确的观念开始的。一连串的失败，也都是从错误的观念开始的。要适应社会，适应变化，就要改变自己。只有这样，才能克服更多的困难，战胜更多的挫折，实现自我。如果看不见自己的缺点与不足，只是一味地埋怨环境的不利，从而把改变境遇的希望寄托在改变环境上面，这实在是徒劳无益的。

人不可能时时刻刻都和环境相宜。当环境恶劣的时候，我们就得设法来改变自己，去适应环境。适应是让自己去迎合环境，往往是顺着潮流，成为识时务的俊杰。但是"识时务者为俊杰"这句格言，却早已成了"不讲气节""没有操守"的别名。志士仁人总不肯改变自己来迁就环境，并且在积极方面还要命令环境来迁就自己，结果当然是难关重重的。

"森林中有个岔口，我愿选择脚印少的那一条路，这样我的一生会截然不同"。一条路，走的人多了，总会弄得泥泞不堪，总会弄得尘土飞扬。为何不换一条路走走，也许一切将会是另一种样子。

有人说：要是我出生在美国，我一准是个英语天才。也有人说：如果李白是我的老师，也许我早就成诗人了。现实生活中，总有些人抱怨环境不好，总是千方百计想换个环境。可是环境变了以后，生活状态一如既往。

只有不时地更换鱼缸，金鱼才能越长越大；只有将狼放归山林，狼的智勇与矫健才能被激发出来。可见，环境对动物的影响是巨大的，同样，环境对人的影响也不容忽视。正所谓"近朱者赤，近墨者黑"，好的环境往往对人有着潜移默化的影响。古代的孟母也深知环境的重要性，所以才有了"孟母三迁"的故事。"天有不测风云"，环境不是一成不变的，你可以改变它一时，却无法改变它一世。所以，环境的改变只是暂时的，自我的改变才是永久的。燕子总是躲在他人的屋檐下避风躲雨，一旦屋塌檐倒，只能流离失所。舒适的屋檐的确给燕子带来了暂时的安全与温暖，可它的一生也只能在心惊胆战中度过。环境，象征着生活中的一切客观事物，改变环境并不能改变一切，更何况环境也不是轻而易举就能改变的。我们无法阻止青春的流逝、死亡的降临，也无法阻止日月的更迭、自然的巨变，因为它们都在以一种不变的规则来变化，就像设计好的程序一般。对此，我们也只能顺应和接受。这时候，改变自我往往是更明智的选择。鲁迅面对暂时无法改变的黑暗

自己挠痒自己笑

社会，毅然改变了自己的志向，弃医从文，希望通过改变人们的思想而改变社会环境；贝多芬面对无法改变的听力障碍，毅然改变了自己的作曲方式，嘴衔铁棒的他谱写出了不朽的《命运交响曲》，这是他人生的高潮，也是他生命的终章。与改变环境相比，改变自己更能培养意志与毅力。历史上"秉烛苦读"的例子不是很多吗？这些古人，没有去抱怨环境，而是努力适应环境。就在这种改变中，磨炼了意志，培养了矢志不渝的精神。

第四节　克服完美主义

常常可以听到有人对别人说："你真是一个完美主义者！"而语气通常是带有一些连损带贬的意味。在生活中，我们常常会遇到这样一类人：他们苛求自己做到最好、最完美，不允许失败。这就是完美主义者。你是一个完美主义者吗？也许有许多完美主义者并不承认这一点，毕竟完美主义一直被定义为一种病态的人格特质。

完美主义是什么？完美主义是一种人格特质，也就是在个性中具有"凡事追求尽善尽美的极致表现"的倾向，指的是一个人要求很高、很挑剔、很难搞、要求细节、甚至有洁癖。这是一种充斥在我们生活中的对失败的失能性恐惧。完美主义者的最大特点是追求完美，而这种欲望是建立在认为事事都不满意、不完美的基础之上的。他们因之陷入深深的矛盾之中。要知道，世上本就不存在十全十美。完美主义是一种扭曲的、不健康的两分法思想：要么不做，要做就要做到最好。例如，一位具有完美主义性格的主管，可能会对他的下属有着同样高标准的期待，搞得整个办公室里的人都紧张兮兮的；或者有完美主义倾向的父母，对孩子有超乎常人的标准与要求。这类人常常使用"应该"句式，例如"我应该更了解""我应该是做得更好"……这些想法不可避免地削弱了他们的成就感，并事先设定了未来的失败。

心理学家巴斯科认为，具有完美主义性格的人通常有下列几种特性：

1. 注意细节
2. 要求规矩、缺乏弹性
3. 标准很高
4. 注重外表的呈现
5. 不允许犯错
6. 自信心低落
7. 追求秩序与整洁
8. 自我怀疑
9. 无法信任他人

如果你或者你周围的人有上述的某些特性，就要小心了，因为你们属于具有完美主义性格的人。哥伦比亚大学的心理学家休伊特曾经将完美主义性格分为三种类型：

第一种是"要求自我"型，他给自己设下高标准，而且追求完美的动力完全来自于自身，也就是严于律己者。

第二种是"要求他人"型，他为别人设下高标准，不允许别人犯错误，也就是严以待人者。

第三种是"被人要求"型，他追寻完美的动力是为了满足其他人（常见的是父母、师长、伴侣）的期望，因此他总觉得自己被期待要无时无刻都非常完美。

作为一种文化，我们都倾向于奖励完美主义者，为其始终设定高标准并不懈地迫使自己去达到这些标准的精神。完美主义者往往都是成功人士，但是他们为成功所付出的代价是长期的痛苦和失望。

"想要伸手摘星，完美主义者最终或许只能两手空空，"心理学家大卫·伯恩斯于1980年发表在《现代心理学》上的一篇文章告诫读者，"完美主义者尤其会陷入人际关系的困境和情感的障碍之中。"

对于完美主义，它的影响也是带有两面性的。

1. 积极方面。

完美主义能够给人带来面对失败和挫折的勇气。人们很难做到真正的完美，但追求完美的人常常比那些毫不追求完美的人更接近完美。比如，考试时，完美主义者的目标是满分，而不追求完美的人则是"及格万岁"，那些完美主义者其实也很难达到满分，但是分数常常要比那些只要及格就心满意足的人要高。完美主义者做事时更有目标，总有前进的动力，他们能做到真正的"严于律己"。

对运动员而言，完美主义是一种重要的特质，法国著名足球运动员齐达内曾说过："在枯燥的训练生活中，正是那种不断完善自己的欲望让我坚持了下来。"正是完美主义，使得运动员不断地与自己战斗，才能一次又一次挑战人类的极限，创造各项新的世界纪录。

2. 消极影响。

非适应性的完美主义者会非常神经质，而且通常是强迫症患者。他们无法从工作中得到满足感，因为他们看不到工作的成功，眼里永远只有问题和瑕疵；他们会避免让自己看起来不完美或者很失败，这意味着他们总是小心谨慎，不敢冒险，也会因害怕犯错而拖延。这些来源于他们对被拒绝的恐惧，因恐惧而变得非常焦虑，他们觉得犯错是不容原谅的。同时，他们给自己和别人施加太大的压力，对批评异常敏感，但是又非常固执，因对他人有敌意而吹毛求疵。这种人，思想僵化，容不得丝毫不完美，因此很容易与其他人发生摩擦。

如果他们不能达成预期要求，会变得非常沮丧。他们会有负面情绪——沮丧，自暴自弃，并且不断怀疑自己的能力。这些负面情绪使他们无法提高自己的社交技能和情绪控制力等帮助他们应对生活的技巧。他们总是在担忧自己的表现，因为过度紧张，他们甚至可能会感到窒息。

自己挠痒自己笑

戴维是一家大公司的律师。他在大学里是学业上的优秀分子，借此考入了一个竞争激烈的法律学校。他经常在拖延中挣扎，为了写案件小结或者应付考试，有时不得不熬通宵，不过，他的表现始终很好。带着无比的自豪，他进入一家颇具声望的律师事务所。他希望通过自己的努力，最终能够成为事务所的合伙人之一。

虽然戴维对案件做了很多思考，但是不久他就开始延误很多他该做的事情：必要的背景调查、约见客户、撰写案件小结等。他想要他的法庭辩论无懈可击，但是面对如此之多的线索，他感到无法承受，不论早晚，他都会陷入僵局。虽然他设法让自己看上去很忙碌，但是戴维知道，他并没有做成什么事情，深感自己就像一个骗子。当庭审日期临近的时候，他会变得极为恐慌，因为他已经没有多少时间可以用来撰写一份适当的案件小结，更谈不上什么出色的小结了。

戴维说："成为一个伟大的律师，是我最大的追求。但是似乎我的时间都花在了担心自己能不能成就伟大上，而没有实实在在地去做事。"

如果戴维关心的是成为一个出色的律师，那么，他为什么要通过拖延，来回避有助于他成就梦想而必须做的工作呢？戴维的拖延，可以让他不去面对一个重要的问题：虽然他的学习成绩证明他具有这个能力，但是事实上他真的能成为一个出色的律师吗？通过长时间拖着不去写调查，戴维回避探测自己的潜能。他的工作并不能反映出他的真实能力；相反，这证明了他可以顶住最后时段的压力把事情做完。如果他的表现不尽如人意，他总是可以这样说："再多给我一个星期，我会做得好多了。"换句话说，失败的判决让戴维如此害怕，以至于他宁愿拖拖拉拉，有时甚至不惜面对灾难性的后果，以避免自己的最佳表现被人评判。他对自己的最佳表现得不到充分评价感到非常恐慌。

无论是写一个律师小结，还是更新自己的简历，或者为朋友和亲人选购礼物，或者是给自己买一辆新车，为了防止自己在这些事情上被人扣上"失败"的帽子，为什么这些人会在自我挫败的路上走得如此之远呢？这些因害怕失败而压抑自己的人，往往以一种宽泛的方式来定义"失败"。当他们对自己在一件事情上的表现感到失望时，他们不仅认为自己在那件事情上失败了，他们还认为自己是一个失败者。

一个人说自己的女儿令她担忧。她的女儿较真儿到钻牛角尖，在做作业时写错字，要反复仔细擦干净，如果有一点不干净，都要全篇从头写，而且做数学题，反复不相信自己，有时真不知道这种一直认为是认真的优点算不算是好事？这样的例子在生活中屡见不鲜。一本杂志上说，一些注重形象的白领女性，每天为达到一个完美的装束，稍微化坏一点不碍整体的妆容，就要完全卸妆后再重新化妆，迟迟不能出门，非达到尽善尽美的地步不可。做这样的精致女人是十分累的。

完美主义并不是非要达到"黑天鹅"一般的程度才会肆虐你的生活和健康。即使是轻微的完美主义者（那些可能从来不认为自己是完美主义者的人）也会经历他们因精益求精的个人追求而带来的消极作用。

以下所列，是完美主义给你带来的消极影响。

1. 你总是非常渴望让别人满意。

完美主义常常始于童年时期。在年幼的时候，我们被教导要有摘星之志——家长和老师鼓励他们的孩子和学生去努力成为成功人士，并对他们的成就给予表扬和奖励（以及在某些情况下，惩罚他们未能达标）。完美主义者很早就学会以"我成就，故我在"的信念去生活，而且没有任何事情能像因自己出色的成就而让别人（或他们自己）印象深刻，而让别人（或他们自己）感到兴奋的了。

不幸的是，在学校、工作和生活中，不断地去追求"优秀"，会给人带来一生的挫败感和自我怀疑。

"想要达到完美，是充满痛苦的，因为它通常受到两方面需要的驱动：一方面是做得非常好的渴望，一方面是害怕做得不好的恐惧。这是完美主义的双刃剑。"心理学家巴斯科说道。

2. 你知道你的完美情结正在伤害你，但是你却认为它是你为了成功所必须付出的代价。

典型的完美主义者是那种竭尽全力（通常是病态的）去避免碌碌无为或平庸的人，且奉行一种"不劳无获"的崇高信念。虽然完美主义者并不一定都是成功人士，但是完美主义常常与工作狂紧密相关。

"完美主义者坦承他们无情的标准的确是有压力且有点过分的，但他们坚信这能驱使他们实现其他方法下从未达到过的卓越和高效的水平。"伯恩斯写道。

3. 你有拖延症。

最具讽刺意味的是，完美主义的特点体现在一种强烈的成功欲，但同时也可能会成为妨碍成功的东西。完美主义与恐惧失败和自我挫败的行为高度相关，比如：过分拖延。

来自约克大学研究人员的调查表明："他人取向"的完美主义（一种出于渴望得到社会认可的非适应性完美主义）与拖延工作的倾向是联系在一起的。在这些"他人取向"的完美主义者中，拖延很大程度上源于他们对他人反对意见的预感。适应性完美主义者从另一方面来讲，反而不易造成拖延。

4. 你对其他人极其不满。

对他人进行批判是一种常见的心理防御机制：我们排斥我们所不能接受的人。对完美主义者来说，有太多排斥的东西。完美主义者具有高度的鉴别能力，几乎没人能入得了他们的法眼。

当不再那么强硬地对待他人时，一些完美主义者可能会发现他们自己开始变得轻松起来。佛陀启示我们："别盯着别人的缺点，也别紧抓别人的疏忽和过失不放，而要看自己的行为，你做了什么，又还有什么是还没做的。"

5. 你要么坚持做大，要么立马回家。

许多完美主义者内心都挣扎在非黑即白的想法里——在某个时刻，你是个成功者，在下一瞬间，你又变成了失败者，这取决于你的最新成就或是失败经历。而且这些完美主义者总是做一些极端的事情。如果你有完美主义倾向，当你知道有一个能让你成功的好机会摆在眼前时，可能你就会将自己投身于这样一个新的项目或是工作中；而当你察觉到有失败的风险时，你可能又会去完全避开它。研究表明：完美主义者总在规避风险，这样会抑制他们的创新性和创造力。

对完美主义者来说，人生就是一场要么功成名就，要么一事无成的游戏。当一个完美主义者专注于某件事情时，他的强大动力和野心会让他不惜一切代价去实现目标。这并不奇怪。因此，完美主义者是罹患饮食失调症的高危人群。

6. 你很难向别人敞开心扉。

作家兼调查员布雷内·布朗曾把完美主义称作"一面厚达20吨的盾牌"，我们随身携带它，以保护自己免受伤害——但是在大多数情况下，完美主义只不过是在阻挡我们与他人建立起真诚的联系而已。

心理学家肖娜·施普林格指出："因为对失败和拒绝的强烈恐惧，完美主义者常常很难让他们自己不设防或是展现脆弱。"

她在《现代心理学》中写道："想要让一个完美主义者跟同伴去分享他（她）内心的感受，是很困难的。完美主义者常常觉得他们必须永远强大，要时刻控制他们的情绪。一个完美主义者，可能会避免同他人谈论他个人的恐惧、无力、不安全感以及沮丧等情绪，即使是那些跟他最亲近的人。"

7. 尽管你知道后悔无益，但是你仍然会后悔。

不管是烤焦了饼干还是开会迟到5分钟，完美追求的倾向时刻充斥在每一个小错误里。这将滋生一大堆的崩溃、存在感危机和满满的怒气。当你全身心聚焦在失败上，或是被不惜一切代价去避免失败的那种渴望左右时，即使是微不足道的错误，都成了个人失败论的证据。

"由于缺乏一种深刻的且始终如一的自尊来源，失败的打击对于完美主义者来说尤其困难，而且可能会导致一部分个体长期的抑郁和退缩。"施普林格写道。

8. 你将每件事情都看作是在针对自己。

因为将每次挫折和批评都看成是在针对个人而感到不悦，完美主义者往往比其他人更不易重新振作。与其说从这些挑战和错误中迅速得到恢复，不如说更多的是完美主义者被它们打倒。完美主义者会将每次失误都看作是他们最深刻真理的证据，不断地被"我还不够好"的恐惧折磨。

9. 当被人批评时，你会采取十足的防御姿态。

在交谈中你能很快辨认出完美主义者，即使是一些带有批评性质的轻微暗示，他们都会跳出来为自己辩解。为了保护他们脆弱的自我形象，以及他们向其他人展示形象的方式，完美主义者总是设法进行自我防御，以免受到任何威胁——即使完全没有进行防御的必要。

10. 你从未"完全实现目标"。

因为完美它本身就是一种不可能实现的追求，完美主义者往往终身都有一种他们从未完全实现目标的感觉。自称完美主义者的克里斯蒂娜·阿奎莱拉在 2010 年接受《青春漫画》的采访时说，她致力于做那些她还没能完成的事情，这能驱使她去不断地超越自己。

阿奎莱拉说："我是一名优等生，也是一个极端完美主义者。我想要拍更多的电影，我觉得我还没有获得我渴望的那种成功。我相信一定会有那么一个时刻，能让我平静地认识到我其实已经完成很多的目标了。"

11. 你以别人的失败为乐，尽管它跟你完全没关系。

常发牢骚的人喜欢抱怨，而完美主义者则花大量的时间和精力去思考和担忧他们自己的失败——他们能从别人的失败里找到救济,甚至以此为乐。把快乐建立在别人的缺点之上,或许能让你在短时间里自我感觉良好,但是从长远看来,这只会增强竞争意识,以及滋长完美主义者的批判性思想。

12. 你会偷偷怀念上学的时光。

有些人很讨厌上学,但是你却很喜欢,因为成功是可以量化的——你有需要完成的任务、成绩评分、成果,负责提供积极反馈责任的老师,以及完成任务后的赞扬。你可能曾是老师的宠儿,或者可能曾被评选为"最有可能成功的人"。学校的体系和"努力工作,尽力做好,收获回报"的简单方程,对大多数完美主义者来说,是种安慰。

在真实世界里,成功是有不同的衡量标准的。任何事情都有不同的构造。尽管你从未告诉任何人,但你内心的一部分其实很怀念那个能够得到"优秀"评价并为之心满意足的世界。

13. 你的灵魂常怀内疚。

在一切表面之下,完美主义者常常饱受内疚和羞愧的折磨。非适应性完美主义,通常带有社会原因,且来自外部对成功的压力感,并非源于自己内心。至于原因,则与抑郁、焦虑、羞愧和内疚高度相关。

布朗在同奥普拉谈话时说:"完美主义不仅仅是追求卓越或者奋力拼搏,而是一种就像是'如果我看起来完美,做得完美,工作完美,生活完美,那么我就能避免或是减少羞耻感、责备和批评'的思考方式和感觉。"

要怎样克服完美主义的弊端呢?

1. 要学会满足于实现目标的95%,而不是100%。

一些自我要求严格的学生,如果在考试中得不到100分就会失望,虽然考了95分同样可以得到"优秀",但他们还是会说:"我没考好。"作家乔治·奥威尔在完成自己的作品《一九八四》后说,"作品的创意很好,可是自己把文章写得一塌糊涂。"而其他人则认为那是世界上最好的作品之一。这些都是完美主义倾向的表现。在你做每一件事情时,100%满意是不可能的，因此，拿到 95% 的"分数"已经足够了。

2. 要认识到人是不可能达到完美的。

哲学家柏拉图对现实世界和理想世界做了一个区分。他说："现实世界，亦即我们感觉到的世界，是一个有阴影的世界，是卓越的、永恒的世界的不完美的反映。"在柏拉图的眼中，这个现实世界是很难找到完美的东西的。即使是每年的世界小姐，也没有绝对完美的脸庞和身材，她们只是评判者心目中最接近柏拉图式理想的世界小姐的人选而已。她们自身并不是理想中的人选，只是近似而已。

3. 要去挑战那些高标准自我要求下的自我批评。

用你理性的自我问自己："我真的需要更努力吗？这是不是我的自我评价强加给我的过度的要求？我真的需要换一种方式做这件事吗？"用你的思考把武断的"应该"和"需要"从大脑中驱除出去。

4. 不要对别人期望过高。

不要期待你生活中重要的人都完美无缺。生活中有不少大发雷霆或紧张不安的情绪，都是源于他人的某些行为细节并未达到你的完美主义或严格甚至苛刻的要求，这些其实是你把自己的完美主义强加给其他人所造成的。事情的关键在于没有人是完美的，包括你自己。因此，你有什么理由期望别人是完美的呢？

5. 不要以自我为中心。

把你的自我从宇宙的中心拿走。不要再想象一切都在绕着你转，也不要想象所有东西都会按照你的方式运行。这里有一个心理练习：想象你坐在一个热气球下面的篮子里，慢慢地飘到空中几百米的地方。现在，就像你在远处看别人一样，向下"看"自己，你会发现，你不过是许多人中的一个。你应该努力让你的问题和生活恢复到正常的水平，丢掉那些以自我为中心的想法带给你的过度紧张。

6. 要培养和建立自信心，不要苛求自己和要求别人。

俗话说，"尺有所短，寸有所长"，如果能正确看待自身的优点和不足，势必不会太在意别人的评价，有自己的主心骨。要脚踏实地真诚面对生活，不要求不切实际地一下子做到最好，一步一个脚印地去做，正像孔子所说，"尽人事，听天命"，一切顺其自然，才能逐渐克服这种不良的完美主义，还自己一种既轻松又积极的生活状态。

我们需要的不是追求完美，而是追求卓越，要立足现在的情况，追求进步和成长，相信每次跌倒都是进步的机会，坚持下去，并且欢迎新事物，尝试新事物和新方法，正确、积极地看待冲突、不同意见和失望。

存在于我们每个人心中的美好愿望，如果能够通过对生活的高要求，不断促使我们努力进取，把事情做到最好，那对我们来说是有利的；然而，如果我们因每做一件事而不能达到天衣无缝，甚至天天为这种无伤大局的不完美而寝食难安时，如此发展下去，自然不是好事，就有可能会影响到我们的良好心态和身体健康。因此，在生活中，我们要避免陷入"完美主义"的泥沼而不可自拔。

"足够好了"的思维方式，背后的基本理念是：我们必须从整体上接纳和遵从我们生命的限制，然后寻找最佳的或是接近最佳的方式来分配我们的时间和精力。

事实上只有"足够好了"这种思维方式才真正可以引导人们做到最好——达到个人表现的最优水平。完美主义者通过狭窄途径，试图在生命的每一个方面都达到完美，最终只会导致妥协和挫败。在现实的时间限制下，我们确实无法什么都做到最好。

只有摒弃完美主义者的极端思维，像最优主义者那样更善于接受和适应变化和不确定性，才能学会悦纳不完美和失败，同时迎接成功并过上更幸福的生活。

第五节　丢掉虚荣，轻松过活

据说，万物在选择自己生长的地方的时候，上帝给了它们所有的发言的机会，多数也都根据自己的意愿被分配到了满意的去处。

轮到苹果了，苹果骄傲地说："我希望我被人们重视，人们都要抬起头来看我，我要高高在上，接受他们的注目。"

下一个发言的是西瓜，西瓜谦恭地说："我不需要别人的仰望，但是我想要结出累累的果实，无论生长在哪里，我的果实都是甘甜的。"

于是苹果结在了树上，而且往往是越小的苹果越结在高高的树枝上，因为它们太小、太高，所以收获的时候，人们摘取的是那些坠在下面的大苹果，而把高高在上的苹果放弃了，任其在枝头腐烂。西瓜则长在了田野里，它因为结着沉甸甸的果实，无力抬头，所以经常是埋在野草中。但无论它埋在哪里，人们总是能找到它。因为它的果实太大了，人们舍不得丢弃。

人总是希望自己成为知识渊博的人，成为受重视的人，于是他们迫不及待地向别人表现自己，可这往往暴露了他们最大的缺点，那就是他们的学识还没到达一定的高度。一条谷穗，长得越饱满，就压得越低；一棵果树，越是果实累累，就越会弯下腰，长不高。同样，一个成就越大的人，越能感到自己的不足，他的态度就越谦恭。

越是谦虚的人，越能获得大成就。诺贝尔一生给我们留下了355项重大发明。这样一个伟大的诺贝尔，给我们留下的只有100多字的传记。

"阿尔弗雷德·诺贝尔,他那可怜的半条生命,在呱呱坠地之时,差一点断送于一个仁慈的医生之手。主要的美德:保持指甲干净,从不累及别人。主要的过失:没有家室,脾气坏,消化力弱。仅仅有一个愿望:不要被别人活埋。最大的罪恶:不敬财神。生平主要事迹:无。"

他说自己一生一事无成,绝对不是矫情,而是因为他心中的目标更加宏伟和遥远,他对自己有更高的要求。

虚荣心产生的原因之一是过短的眼光,过少的努力。过短的眼光,是说只看眼前利益,胸无大志,斤斤计较名利得失,而不知放眼未来;过少的努力,则是说不能脚踏实地,付出艰苦劳动,创造赢得荣誉的资本。比如,一个想成就大业的人,强烈的求知欲促使他放弃虚荣的要面子而不耻下问,并为之付出艰辛努力,将个人得失完全抛在脑后。从这个意义上讲,丢掉虚荣的根本在于放弃自私,以整体和长远利益为重,乐于奉献。正如一位哲人所说:"虚荣者注视我的名字,光荣者注视祖国的事业。"只要人们能胸怀祖国大业,并为之奋斗,虚荣心自然也就毫无栖息之地了。

有时,虚荣心不是自"我"而发,而是因群体的影响而起。比如,在接受某一新观点时,绝大多数人表示理解和支持,而你虽然不太赞同,但碍于面子也不得不站到支持者的行列。不懂装懂的这种虚荣心是由本身固有的意志薄弱、信念不坚定的心理品质在外在压力或影响下表现出来的,这也是从众的表现。从众,是指个人因受到群体压力而在知觉、判断、动作等方面做出与众人趋于一致的行为。虚荣心与从众既有区别,又有联系。但不论是排除虚荣心,还是克服从众心理,都需要全面考虑问题,分析其利弊,不可以削足适履。从这个意义上讲,勇敢的意志品质与坚定的信念是医治虚荣心的"良药"。

凡虚荣均有两面性:一是自我贬低,勇气不足;二是唯恐别人贬低,畏惧否定。虚荣的自我贬低不同于自卑,自卑是干脆甘拜下风,而虚荣是既怀疑自我又不甘拜下风，不得不违背客观实际，弄虚作假。唯恐别人看不起自己，归根究底还是这些人没有什么能耐，表现得心虚。从这个意义上讲，克服虚荣主要靠的是自信、自尊和练就过硬本领。

宝莱坞女星塔帕尔在拍电影《女英雄》时，常向身边的人炫耀自己的财力雄厚，甚至说自己是有钱人，不论出入或是生活都走高端路线，使得参与演出的两位同行觊觎她的财富，甚至心生歹念。于是两人绑架了塔帕尔，并向她的家人勒索150万卢比（约15.4万元人民币）的赎金，并用拍摄色情影片、毁掉星途威胁塔帕尔的家人。但塔帕尔实际上并不是有钱人，只是打肿脸炫富，最终她的母亲只凑到了6万卢比（约6150元人民币）的赎金，造成两名绑匪拿到赎金后心生不满，将塔帕尔分尸后丢弃。塔帕尔被害后，她的亲人和影迷们万分悲痛，不少群众聚集在她家门口为其哀悼。可以说，是虚荣心导致这位印度影视界的新星意外陨落。

可能塔帕尔更希望看到别人羡慕自己的眼神，但由于长期没有顾及别人的心理感受，过度强调自己的优越感，她所希望的羡慕其实是嫉妒，嫉妒就是萌生歹念的开始，最终，塔帕尔因好面子丢掉了自己的性命。

塔帕尔的不幸遭遇给我们上了一堂生动的课，事实说明：人的虚荣心要把握一个尺度，不能太过张扬，目中无人。如果一味强调自己的虚荣心，总会让人犯红眼病或者看不惯，最后不但会连累身边的人，还会把自己推向意想不到的深渊。

或许在某些人身上我们也能看到塔帕尔的影子，因为人都有虚荣心，关键在于个人对于虚荣心这个概念是怎么理解的。不过值得庆幸的是，我们还有时间、有精力、有生命去丢掉那些"致命"的虚荣心。

第六节　先有自信，才有未来

　　你是否是一个特别在意别人评价的人？你是否总担心自己的做法会遭到别人的质疑？你是否对别人的看法总是无法释怀？你是否总是用相反的思维来跟自己过不去？比如，你迁就别人的时候觉得没有自我，坚持自己想法的时候又觉得自己很不会为别人考虑，总是想做到方方面面让任何人都对你满意。但这怎么可能？这是因为你缺乏自信，希望从别人那里得到肯定，像你这样的性格，不可能有什么明显的缺点（在别人看来），但是你却总觉得自己很累，不知道问题的根源在哪里。

　　你要先意识到，无论别人对你说什么，赞同或者否定，都不用过分在意。实际上，谁会真正在乎你到底做得对不对？他们就是那么指责或者赞许一下而已，你完全可以说"管他的"。

　　而且，在乎别人的感受并不是缺点。人是社会性的动物，别人可能不在乎，但是如果你在乎他们的感受，你就不会有意无意地伤害他人。在乎别人的感受是一种优点。

　　最重要的是，你要分清楚哪些事情是对自己重要的，哪些事情是对别人重要的。对自己重要的事情，就不要在乎别人怎么想；对别人重要的事情，不管你累不累，都要对别人负责。

　　其实，只要你对自己的大部分事情满意了，别人就会对你满意。越是在乎外界，你越会觉得离真实的自己很远，并且越来越远。

凡事都有利弊，事情还得拆开，一分为二地看。为什么有些人那么自信，而有些人却非常自卑？

1. 从小就开始的家庭教育问题。

小伟在大学前都和父母生活在一起，可能因为出身农村，父母的文化水平比较低，他们总是希望小伟一心一意学习，将来做个有文化的人。除了学习，其他都是浮云。比如，要多和学习好的交朋友，不要和那些贪玩或者不爱学习的孩子玩。每次小伟单独出去找朋友玩，他们都很严肃地问去哪儿找谁玩，成绩怎么样。孩子的行为活动受到父母约束，不能很自由地做自己想做的事，渐渐会习惯性地觉得，因为没做过，所以自己肯定不行，也很少去尝试，很怕做不好，自然少了自信。

2. 担心阅历不丰富。

小伟一直是个害怕演讲的人，他觉得台下有那么多双眼睛在盯着他，那么多双耳朵听着，那么多人在思考，总有几个人会觉得自己的演讲不够精彩，总有几个人能发现自己演讲中的错误。想到这里，他就越发紧张，怀疑自己是不是实力太差了，演讲技巧拿不出手。

作为一个学生，就要放下自己的恐惧与不自信的面孔，去大声读书，学会不要太在意别人的眼光，慢慢地你会发现，你演讲的时候你压根儿不会去看他们。如果你是一个上班族，就要努力充实自己，为自己积累底气，不至于随时担心阅历不够，担心自己会出丑或被否定。甚至要在别人的否定明显有误的时候，据理力争。这是一个过程，一个需要勇气和积累的过程。

3. 没有支撑自信的经历。

有个人在朋友圈里，是有名的"臭不要脸"，绝对自信。

朋友问他："那谁谁都说你特自信，让我也向你学习学习。"

他说："我这个自信其实也不是绝对自信，我只是表现得特别自信，有很多时候我的内心也是不够自信、不够坚定的。"

"那你觉得你不自信的原因是什么？如何才能表现得这样自信？"

"很重要的一点，是没有曾经成功的经历可以支撑起我，让我变得更自信。也就是说，活了这么多年，我不能一下子想到让我佩服我自己的厉害处。所以，有段时间我拼命地跑步，从一晚上十几圈到一晚上30圈，一直在增加跑步的任务量。跑到后来，整个人都虚脱了，肺都快炸了，还坚持跑，一直跑到整个人都不是自己的了，就算有张特舒服的床躺下也解决不了当时的痛。"然后两个月，他从150多斤减到了120多斤，当然配合节食了。

后来，他笑着对我说："虽然我现在反弹到了160，但是这个例子让我觉得，面对未来路上的一些小坎坷，我会对自己说，'我能行。'"

任何事情，只有经历了才会懂得，懂得了才会去改变，改变不了的再去适应。用勇气去改变自己可以改变的事情，用胸怀来包容不可以改变的事情，用智慧来分辨不同。年轻人应该拥有最多的就是勇气，所以要争取去改变。

我们该怎样增加自己的自信心呢？

1. 挑前面的位子坐。

你是否注意到，无论是在教室还是在各种会议、活动中，人们总喜欢坐后排的座位，他们都不希望自己"太显眼"，怕受人注目的原因就是缺乏自信心。坐在前面能帮人建立自信心。把它当作一个规则试试看，从现在开始，尽量往前坐。当然，坐前面会比较显眼，但要记住，有关成功的一切都是显眼的。

2. 练习正视别人。

一个人的眼神可以透露出许多信息。某人不正视你的时候，你会直觉地问自己："他想要隐藏什么？他怕什么？他会对我不利吗？"

不敢正视别人，通常意味着：感到自卑，或者害怕。躲避别人的眼神，通常意味着：有罪恶感，做了或想到什么不希望别人知道的事；怕一接触目光,就被看穿。这都是一些不好的信息。

正视别人,等于告诉对方:我很坦诚,我很确信,毫不心虚,而且光明正大。

3. 把你走路的速度加快25%。

在大卫·史华兹还是少年的时候,到镇中心去是很大的乐趣。办完所有的差事,坐进汽车后,母亲常常会说:"大卫,我们坐一会儿,看看过路行人。"

母亲是位绝妙的观察行家。她会说:"看那个家伙,你认为他正受什么困扰呢?"或者说:"你认为那边的女士要去做什么呢?""看看那个人,他似乎有点迷惘。"

观察人们走路实在是一种乐趣。这比看电影便宜得多,也更有启发性。

许多心理学家将懒散的姿势、缓慢的步伐跟对自己、对工作以及对别人的不愉快的感受联系在一起。但是心理学家也告诉我们,借着改变姿势与速度,可以改变心理状态。你若仔细观察,就会发现,身体的动作是心灵活动的结果。那些遭受打击、被排斥的人,走路都拖拖拉拉,完全没有自信心。有超凡自信心的人,走起路来比一般人要快,像是在奔跑。他们的步伐告诉整个世界:"我要到一个重要的地方,去做很重要的事情,更重要的是,我会在15分钟内成功。"

使用这种"走快25%"的技术,抬头挺胸走快一点儿,你会感到自信心在滋长。

4. 练习当众发言。

拿破仑·希尔指出,有很多思路敏锐、天资高的人,无法发挥他们的长处,参与讨论。其实并不是他们不想参与,而是他们缺少信心。

在会议中,沉默寡言的人都认为:"我的意见可能没有价值,如果说出来,别人可能会觉得很愚蠢,我最好什么也不说。而且,其他人可能都比我懂得多，我并不想让别人知道我是这么的无知。"这些人常常会对自己许下很渺茫的诺言："等下一次再发言。"可是他们很清楚自己是无法实现这个诺言的。每当这些沉默寡言的人不发言时，他们就又中了一次缺少信心的毒素，他们会愈来愈丧失自信。从积极的角度来看，尽量发言，会增加信心，下次也更容易发言。所以，要多发言，这是信心的"维他命"。

不论是参加什么性质的会议，每次都要主动发言，也许是评论，也许是提建议，或是提问题，都不要有例外。而且，不要等到最后才发言。要做破冰船，第一个打破沉默。也不要担心自己会显得很愚蠢。不会的。总会有人同意你的见解。所以不要再对自己说："我怀疑我是否敢说出来。"要用心获得会议主持者的注意，好让你有机会发言。

5.哈哈大笑。

大笑是医治信心不足的良药。但是仍有许多人不相信这一套，因为他们在恐惧时，从不会试着笑一下。真正的笑，不但能治愈我们的不良情绪，还能马上化解别人的敌对情绪。你如果真诚地向一个人展颜微笑，他实在无法再对你生气。拿破仑·希尔讲了一个自己的亲身经历："有一天，我的车停在十字路口的红灯前，突然'砰'的一声，原来是后面那辆车的驾驶员的脚滑开了刹车器，他的车撞了我车后的保险杠。我从后视镜看到他下来，也跟着下车，准备痛骂他一顿。但是很幸运，我还没来得及发作，他就走过来对我笑，并以最诚挚的语调对我说：'朋友，我实在不是有意的。'他的笑容和真诚的解释把我融化了。我只能低声说：'没关系，这种事经常发生。'转眼间，我的敌意变成了友善。"

笑就要笑得"大"，半笑不笑是没有什么用的，要露齿大笑才能有功效。我们常听到："当我害怕或愤怒时，就是不想笑。"当然，在这时，任何人都笑不出来。诀窍就在于你强迫自己说："我要开始笑了。"然后，笑。要控制、运用笑的能力。

6. 用肯定的语气可以消除自卑感。

　　有些女人，当她们面对着镜子看到自己的形象或肤色时，忍不住产生某种幸福的感受。相反地，有些女人却被自卑感困扰。虽然彼此的肤色都很黝黑，但自信的女人会认为："我的皮肤呈小麦色，几乎可以跟黑发相媲美。"而她的内心也一定暗喜不已。而缺乏自信的女人却因此痛苦不堪地呻吟起来："怎么搞的，我的肤色这么黑。"两种人的心情完全不同。有的女人看见镜子就丧失信心，甚至一气之下把镜子摔碎。由此可见，价值判断的标准是非常主观而且含糊的。只要认为漂亮，看起来就觉得很漂亮，如果认为讨厌，看来看去都会觉得不顺眼。尤其，关于自卑感的情况，也常常会受到语言的影响，所以说，否定意味的语言，对于一个人的心理健康有百害而无一利。

　　卢克莱修奉劝我们不妨将"骨瘦如柴"改说为"可爱的羚羊"，把"喋喋不休"改说为"雄辩的才华"。不同的语言可将同一个事实完全改观，而且也会给人以不同的心理感受。

　　总之，运用肯定或否定的措辞，可将同一个事实，形容成有如天壤之别的结果。可见，措辞这件事，诚然是任何天才都无法比拟的魔术师。在任何情况之下，只要常用有价值的措辞或叙述法，可以将同一个事实完全改观，从而驱除自卑感，令人享受愉快的生活。

7. 做自己能做的事。

　　做自己做得到的事时，个性会显现出来。找出现在可以做的事。知道应该做的事，然后加以实践，就可以从自我形象中获得解放。总之，要试着记下马上可以做的事，然后加以实践，没有必要非是伟大的、不平凡的行动。只要是自己能力所及的事，就足够了。就是因为我们总想着一步登天，所以才找不到事做。"今日事，今日毕"，今天能动手做的事，如果拖到第二天，那么那些延迟的工作就会使自己的负担加重。从没遇到有人说："从明天起我要戒烟！"而真就把烟戒了的。也从没有遇到有人说"从今往后再也不喝酒了！"而第二天就能把酒戒掉的。

一个健全的灵魂，会向往自己能够做到的事。心智发育不成熟的人，会时常抱有非常强烈的以自我为中心的态度。以自我为中心的人，一旦确定目标，一定是立刻吸引众人注意的那个目标，然后，因为执着于那个目标，而迷失了此时、此地自己应该做的事，到最后就是独来独往，标新立异。年轻时候喜欢标新立异的人，老了以后往往抑郁度日，就是这个缘故。年轻时无法克服自我表现、自我中心的个性，到上了年纪，就成了忧郁症。有句俗话说，"燕子飞，乌龟也跺脚"，就是在说找不到自己要做的事的人，不正像这句话中的乌龟吗？假设乌龟看到燕子飞过天空，而自己也想飞，那不是很奇怪吗？乌龟应该有乌龟能做而燕子不能做的事才对。

8. 关注自己的优点。

在纸上列下十个优点，不论是哪方面（细心、眼睛好看等，多多益善），在从事各种活动时，想想这些优点，并告诉自己有什么优点。这样有助于你提升从事这些活动的自信，这叫作"自信的蔓延效应"。这一效应对提升自信效果很好。

9. 与自信的人多接触。

"近朱者赤，近墨者黑"，这一点对增强自信同样有效。

10. 自我心理暗示。

不断对自己的正面心理进行强化，避免对自己的负面心理进行强化。一旦自己有所进步（不论多小）就对自己说，"我能行！""我很棒！""我能做得更好！"等，这将不断提升我们的信心。

11. 树立自信的外部形象。

首先，保持整洁、得体的仪表，有利于增强一个人的自信；其次，举止自信，如行路目视前方等，刚开始可能不习惯，但过一段时间后就会有发自内心的自信；另外，注意锻炼、保持健美的体形，对增强自信也很有帮助。

12. 不可谦虚过度。

谦虚是必要的,但不可过度。过分贬低自己对自信心的培养是极为不利的。

13. 好的体态。

人的每种体态都对应一个故事。耷拉着肩膀、无精打采的人,看起来缺乏自信。他们对自己所做的事情没有热情,也不认为自己很重要。拥有好的体态,自然而然你就会感觉更自信。挺胸抬头,眼睛直视前方,你将给人一个好的印象,立马觉得更警觉,更有力量。

14. 赞美他人。

当我们消极地评价自我时,通常情况下我们也会喜欢对他人闲言闲语,甚至恶语中伤,让这种消极的情绪波及他人。为打破这种消极的循环,我们需要养成一种赞美他人的好习惯。不要对别人造谣中伤,而应该称赞身边的人。在这个过程中,你将变得招人喜欢,还能建立自信。通过看到旁人最好的方面,你将直接激发自己最好的一面。

自信源于自知,你需要知道你不可能取悦所有人,在尊重别人意愿的同时,自己的意愿一样重要。在意别人的评价,是因为你无法正确评价自己;试图做到完美,也是因为你无法正确评估自己的能力;你困惑,你累,当然也是因为你无法平衡现实与理想的差距。

在别人的眼里,我们可能是个乖孩子,很少做些出格的事,我们的活动很少,圈子也很窄。我们害怕,我们迁就,我们在意,我们无私,一切的一切都是那么抽象却有力量,这股力量一直让自己不快乐,觉得付出了很多、身心疲累,转身却发现这些都不是自己想要的状态。最现实的一点,就是要平衡自己的思考与行动,即做事不能太犹豫,也不能太没脑子。

自信是锻炼出来的,除了自身的锻炼,还要对自己有信心。从心理来讲:自信是指自身对自己能力的确信,深信自己一定能做成某事。你要找到自身具备的特点和优点，并努力做好它，取得朋友甚至不相识的人的赏识和认可，从而获得自信。优点不在于多，而在于精，可以是善良的品行、成绩、个人特点、特长，等等。

缺少自信心是很多人普遍存在的问题。没有哪个人生下来就信心满满，都是通过后期主动、被动的学习获得了适当的自信心。没有获得适当的自信心之前，人们往往不相信也不敢相信自己做的事会是正确的，内心充满了无限的疑问。这样的疑问给人们带来了太多的麻烦，从而引发更多的负面情绪，如羡慕嫉妒恨，这些负面情绪又进一步阻碍了下一步要做的事情。

当我们通过这样那样的方式、渠道获得了适当的自信心，那么一切就都变了！对于自己做的事情有充分的信心，相信做的事是正确的，即使错了，也会在吸取经验的同时为下一次尝试积攒信心。生活中无时无刻都充斥着正面的情绪，例如，快乐、幸福、美满……就这样长期真、善、美地循环，使我们的生活很是如意。

第七节　马上行动，不再拖延

本杰明·富兰克林说过："千万不要把今天能做的事留到明天。"许多人习惯于做事往后拖延一步，总想在行动之前先要让自己享受一下最后的安逸。只是在休息之后又想继续享受，这样直到期限已满，行动依然还未开始。阻止我们去完成每天的工作任务的一个最大的障碍就是拖延，而事实就是，拖延直接导致行动的失败。

许多有拖延习惯者发现，拖延似乎有其自身的生命和意志。一连串的思绪、情感和行为波动影响了它们，呈现出诸多共性，我们称之为"拖延怪圈"。你或许在几个星期、几个月，甚至几年时间内，都挣扎在这个怪圈当中，或者，你也可能从头到尾只需要几个小时就经历了一个怪圈。

拖延习惯者在完成任务的过程中，会有哪些心理变化？

1. 这次我想早点儿开始。

当你刚刚接受一个任务时，总觉得自己这次一定会有条不紊地完成它。在一开始往往信心十足，但当一段时间过去之后，你发现这一次的情况并不比以前好多少的时候，你的信心开始变成担忧。这表明，你可能已经陷入拖延的怪圈。

2. 我得马上开始。

早点儿开始的时机已经失去了，这一次想要好好做的幻想破灭了。你开始焦虑，压力也逐渐加重。你不再盼望自己会自发地开始上手做事，开始感到需要马上做点什么，但是离最后期限还远着呢，所以你还是抱着一些希望，觉得一切都还来得及。

3. 我不开始又怎么样呢？

时间又过去了，你还是没有开始做事，现在的问题不再是如何有一个理想的开端，甚至也不再是如何为自己做事的压力，而是一种不祥的预感取代了所有剩余的乐观情绪。想到自己可能永远也不会开始，你的脑海中不禁闪现出那些可能会永远地毁了你生活的可怕后果。

此时，可能会有一连串的想法在你的大脑中翻腾："我应该早点儿开始。"回顾自己所浪费的时间，你意识到已经无法挽回了，只能沉痛地责备自己。如今站在悬崖边缘，你后悔不已，知道你应该早一点儿开始做事。

4. 我可以做任何事，除了这件……

除了这件被避开的事情，拖延习惯者什么事情都愿意做。现在那些事情迫切需要你马上开工，但是你此刻却在做一些其他的事情，忙得不亦乐乎，并以此来安慰自己，"还好，至少我做成了一些事情！"

5. 我无法享受任何事情。

许多拖延习惯者想要通过一些愉快的、立竿见影的活动让自己分散注意力。他们可能会去看电影，做运动，与朋友们待在一起，或者在周末去做徒步旅行。虽然在努力让自己自得其乐，但是他们的这件没有做完的事的阴影挥之不去，取而代之的是负疚、担忧和厌烦。

6. 我希望没人发现。

随着时间的推移，事情没有一点眉目，作为拖延习惯者的你开始感到惭愧。你不想任何人知道你的窘境，所以你可能会通过种种方式对此加以掩盖。你让自己看起来很忙，即便你没有在工作，也会制造出一种事情不断取得进展的假象，即便你根本就没有迈出第一步。你或许会躲藏起来，避开任何会揭示真相的接触。随着掩盖行为的继续，你可能会通过精心编织的谎言来掩饰你的延误，同时内心深感自己心术不正。

7. 我还有时间。

虽然你感到负疚、惭愧或者欺骗了别人，但是你继续抱着还有时间完成任务的希望。虽然你脚下的地面正在崩裂，但你还是试着保持乐观，盼望着"缓刑"的奇迹能够出现。

8. 我这个人有毛病。

此刻你已经绝望了。早点儿开始做事的良好意图没有实现；负疚、惭愧和痛苦也无济于事；盼望的奇迹也没有出现。你对是否能完成任务的担忧，变成了一种令人生畏的恐惧："是我……我这个人有毛病！"你可能会感到自己缺少了什么其他人都具有的某些东西，比如自我约束力、勇气、头脑或者运气。

9. 你陷入最后的抉择：做还是不做？

到了这个时候，做出一个选择。

你若选择不做，"我无法忍受了"！内心的压力让你不堪忍受。时间已经很少了，这个任务在剩下的几分钟或几个小时内看来是没有完成的可能了。因为你无法再忍受那种难受劲儿，要摆脱这样的折磨，看来超出了你的能力和忍耐力。你心想，"我再也受不了了！"你终于觉得挣扎着要去做完这件事的痛苦实在是太大了，你逃跑了。

你若选择做，"我不能再坐等了"！此刻，压力已经变得如此巨大，你再也不能坐等，哪怕一分钟。最后期限如此临近，或者你的偷懒让你如此痛苦，以至于你终于感到做些什么总比无所事事要好。所以，你就像一个关在死囚牢里的犯人一样，把自己托付给了那无法逃避的命运……你开始做事了。

10. 事情还没那么糟，为什么当初我不早一点儿开始做呢？

让你惊讶的是，事情并没有像你所担心的那样糟糕。虽然它很困难，令人痛苦，或者招人厌烦，但是至少你已经上手在做呢——这让你大松了一口气。你甚至可能还发现自己乐在其中！所有你所受的折磨看起来根本是不必要的，"为什么当初我没有上手做呢？"

11. 把它做完就行了！

胜利在望，事情马上要做完了。你在跟时间赛跑，不容许自己浪费一分一秒。当你在大玩特玩，将自己推向极限的冒险游戏时，你已经没有任何奢侈的多余时间可以用于计划、完善或者提升自己所做的事情。你的焦点已经不再是如何把事情做好，而是你究竟能否将它按时完成。

12. 我永远不会再拖延！

不管那个任务最终无论是被放弃了还是被完成了，拖延习惯者通常会因如释重负和精疲力竭而近乎崩溃，这几乎变成了一次严峻的考验，虽然历经磨难，但是毕竟已经过去。再经历哪怕一次这样的折磨都让你无法忍受，所以你毅然决然地下决心，从此不再踏入那个怪圈一步。你发誓，下一次你一定早一点儿开始，控制好焦虑情绪，严格按照计划，把事情做得井井有条。你已经打定主意，意志也非常坚定，一直到下一个任务再次出现……就这样，随着一个放弃拖延行为的坚定誓言，这个拖延怪圈就似乎画上了句号。然而，尽管他们诚心诚意痛下决心，大部分的拖延习惯者都会重蹈覆辙，一次又一次地在这个怪圈中挣扎。

这种情形恐怕很多人都遇到过，拖延使你的计划成为泡影。谁都知道制订计划的好处和拖延习惯会带来的不利影响。可是一旦付诸行动，总是不自觉地为自己找各种借口，为自己拖延。

他们会为自己的拖延找什么借口？

他们会说："条件还不齐备。" 在我们的许多行动中，若要等到全部条件准备齐全以后才开始行动，那很可能会丧失许多机遇。那些叫嚷着"条件不齐备"的人，并非真的是因为已有的条件完全不充足而去拖延，他们要么是墨守成规者，做事死板呆滞，要么就是给自己的懒惰找借口。不管怎样，其结果都会延误时机。

比如，某企业准备生产一批紧缺商品，但是各种材料数额有限，需要从外地加运。作为总经理，你会等到材料全部凑足才开始生产吗？显然不会，你会先行利用已有的材料，一边生产，一边运输材料。如果等到材料全部凑足才动工，可能紧缺商品已成为滞销商品。以条件不齐备作为借口不行动，只会延误计划，丧失机遇，在这种情况下，利用好已有的条件开始行动，一边行动，一边寻找或等待条件成熟或设备齐全，这种工作安排最为合适。

他们会说："这是会花费很多时间的任务。" 有些任务，可能需要我们花费好长的时间才能完成。因此，很多时候我们会不想做这个任务，转而去做其他几件不太重要的事情，因为我们会从感观上觉得做了更多的事。但这个任务还是摆在那里，只会让我们感受到更多的压力。解决的办法就是把这个任务分解成几个部分，把它变成一系列的小任务。虽然花费的总时间还是一样的，但是至少会让你感觉，这样做更轻松。

他们会说："这是我讨厌做的任务。" 有些任务，可能很复杂，也可能非常简单，我们就是讨厌去做。我们不喜欢它们，总是设法推迟。你应该把你不喜欢做的这件事情放在要办事项的第一位，在你刚开始工作的时候就把它解决掉，这样，剩下的时间你都可以做自己喜欢做的事情了。

他们会说："我害怕失败。" 有些任务，我们害怕自己做得不够好，害怕会在某个地方犯错误，因此迟迟不愿意动手。试想一下，我们再不怎么完美，事情究竟会坏到什么地步？同样，我们能做得最好，好又能好到什么地步？做完这件任务之后，我们会发现，已经做得足够完美了。

他们会说："行动已经来不及了。" 特别是当自己或别人说"不是不想行动，只是行动也于事无补，那行动还有什么意义呢？"时，他们更会觉得一切已经来不及。拥有这样消极的想法，只会连最后的补救机会也没了。

凡是决定去做的事，就不应拖延着不去做，如果你一心想着留待将来去做，你将注定是人生角斗场上的弱者。凡是有力量、有成功经历的人，总是那些在目标确定后就充满热忱去做的人。成功者必是立即行动者，因为只有行动才会产生结果。对他们来说，时间就是生命，时间就是效率，时间就是金钱，拖延一分钟，就浪费一分钟。只有立即行动，才能挤出比别人更多的时间，比别人更早抓住机遇。要立即行动，不要给自己留退路，说什么"以后还有机会""时间还比较充裕"之类的话。

每天有每天的事要做，每天有每天的计划去完成。今天的事是今天的事，不应留待明天去做。拖延的习惯是成功的天敌。有的人不认为怠于行动是缺点，认为是自己的优点，认为这样做会显得慎重、稳重，并且能够三思而行。那就错了！搁着今天的事不做而留待明天处理，在这个过程中拖延、等待、彷徨的时间和精力也差不多能将要做的事情完成了。人的生活中常有这样的烦恼：有几件事本应早几天、早几周做，可一拖再拖，就拖到了现在，"现在"硬着头皮将它们干完后，又懊丧地发现原来在"现在"做过的事情时，又将"现在"的事情拖到了将来。于是，懊丧情绪影响了效率，效率低下又导致思想和行为混乱，混乱导致失败。

在制订好计划以后，你就没有了后路，唯一的选择就是立即行动。立即行动，使你保持较高的热情和斗志，能够提高办事的效率。拖延只会消耗你的热情和斗志。古时作战，兵家策略是"一鼓作气"，防止"一鼓作气，再而衰，三而竭"。拖延之后，再想从疲惫的心态中鼓起斗志，是比较困难的。

在行动之前，要给行动留下个合理的期限。没有期限的行动常常是无效的行动，或是效率特低的行动。有一个时间约束，就能让你提醒自己：必须马上行动，否则会在约定期限内完不成行动计划。值得注意的是：一定要一次性将它落实，千万不要说："以后再执行。""以后"，就意味着这次行动的失败。下一次你还要面对拖延这个问题，为何不立即行动，消灭掉这个坏毛病呢？

自己挠痒自己笑

洛克菲勒给儿子的信中写道:"现在就去做——凡事,想到,就马上行动,不要犹疑,机会总会转瞬即逝,而善于抓住机遇的人,往往更倾向于成功。这需要一种对信息的敏感和对成就的敏锐嗅觉。"现代生活的节奏是快速的,每个人都加足马力往前冲,如果你还想歇歇,就只能等待被淘汰,危机意识要求人们加快行动的步伐,不能掉队。

真正的成功者,不论他们喜不喜欢,愿不愿意,都懂得运用现在的处境作为提升自我身价的跳板。他们勇敢地面对各种现状:"这就是我今日的处境,我唯一得以解救的就是在目前环境中展开活动。"如此一来,事情就有了急速的变化。他们只要每天在"目前环境"中开始行动,就会发生奇迹,人生便向他们绽放异彩,播洒希望。仔细思考一下,拖延的事情迟早要做,为什么要等一下再做?现在做完,等一下可以休息,有什么不好?现在休息,也许等一下要付出更大的代价。想想,在日常生活当中,有哪些事情是你最喜欢拖延的事情,现在就下定决心,将它们改善。从最简单的事情开始,当你可以激发自己的行动力的时候,你会有冲劲儿,会非常想去完成一件事情。当事情不如意时,一定是你没有掌握正确的方法;当完成的速度不够快的时候,一定是你使用的策略不对。当你仍然开始拖延的时候,一定是你的优先顺序没有排列对,因为你不知道这件事有多重要。

拖延是一种习惯,行动也是一种习惯,不好的习惯要用好的习惯来代替。记住:现在去做,意味着成功;将来某一天去做,意味着失败。

—— 第六章

逆境生存

你是否常常使用"不行""不应该""不对"这几个字?

自己挠痒自己笑

第一节　人生无须完美，微笑面对失败

只要是生命，都会有欠缺。人无完人，事无完事，谁也不敢说自己做的就是极致。不必计较太多，每种生活都有其乐趣，不会是千篇一律。我们要宽心地接受，并享受过程的美好。人生不必太圆满，有个缺口流走，其实也是挺美的一件事。当苦难来临，我们会显得更加从容不迫，能更坦然地体会到生命的伤口。当我们回首过往的伤口，痊愈的地方就会长出新的思想。

大文豪列夫·托尔斯泰的长相并不完美：一个大脑袋上耷拉着棕红色的头发；后驼背；前"鸡胸"；从股至足，整个下肢扭曲得奇形怪状，两腿之间，只有膝盖那里才勉强接触，从正面看，像两把大镰刀，在刀把那里会合；宽大的脚，巨人的手。上帝关上了一扇窗户，这样一个不成体统的形体，然而又给他打开另一扇门，那就是精力充沛、思维矫捷、勇气超人的混合，这是奇特的例外——公然违抗"力与美皆来自和谐"这一永恒法则。这简直是打碎后重新胡乱拼凑堆成的巨人。

他虽然长相怪异，可世间的一切都被他尽收眼底，他的眼睛看到了常人看不到的真谛，以自己有力的笔触和卓越的艺术技巧，辛勤创作了"世界文学中第一流的作品"，他因此被列宁称颂为具有"最清醒的现实主义"的"天才艺术家"和"俄国革命的镜子"。于是人们忘记了他的不完美，将他在心中定义为"伟大的人"。

余秋雨先生在《苏东坡突围》一文中写道：苏轼选择了赤壁，赤壁也成就了苏轼。做不了一展经天纬地之才的政治家，他"寂寂东坡一病翁"的自叹，同样令历史铭记了这个潇洒的男人。无法入仕得意，却在"乌台诗案"的暗淡下选择了赤壁。《前后赤壁赋》——永留文史。这个潇洒的男人如何过着恣意的生活，也镌刻着"不完美"的人生。

何必刻意去追求完美？又何必把人生的终极目标定义为完美？人生就像一次旅行，在乎的是沿途看到的风景以及体会风景的心情。前方等待我们的东西还有很多，沿途的驿站还很美，开心就好。

生活就像一面镜子。你对它哭，它也对你哭。如果你想要它对你微笑，只有一种办法，就是对它微笑。微笑是一种最美好、最迷人、最诚恳、最温馨、最快乐的表情。

人生中，有成功就有失败。失败并不意味着你是一个失败者，只是表明你尚未成功；失败并不意味着你没有努力，只是表明你的努力还不够；失败并不意味着你必须忏悔，只是表明你还需要吸取教训；失败并不意味着你一事无成，只是表明你得到了经验；失败并不意味着你无法成功，只是表明你还需要一些时间；失败也并不意味着你会被打倒，只是表明你还需要微笑面对。

微笑面对你身边的一切。

凡真正的大智慧，往往源于失败的教训。古今中外，大多数成功者都经历过失败，可贵的是他们的勇气。马克·吐温经商失意，弃商从文，结果一举成名。因为他曾经微笑面对过失败。巴尔扎克说："世界上的事情永远不是绝对的，结果因人而异，苦难对于天才是一块垫脚石，对能干的人是一笔财富，对于弱者是万丈深渊。"我们要在失败中吸取经验教训，体会方法，思考原因。这样，我们才会变得成熟，才会成功。

恐惧失败，会使我们停滞不前，让我们拒绝接受能够促使我们成长的那些风险。我们不能单单停留在失败上，要微笑着面对失败，迎接新一次的挑战，正如拿破仑所说的："避免失败的最好方法，就是决心获得下一次成功。"

泰国商人施利华，是商界上拥有亿万资产的风云人物。1997年的一次金融危机使他破产了，面对失败，他只说了一句："好哇！又可以从头再来了！"他从容地走进街头小贩的行列叫卖三明治。因为他微笑面对了失败，他重生了。一年后，他东山再起。

失败是人生的熔炉。它可以把人烤死，也可以使人变得坚强、自信。如果我们曾经微笑面对失败，那在我们年迈时，我们可以对自己的子孙后代说："我曾笑对失败。"

失败也是一种机会，只有学会接受失败，才能从失败中领悟，才能更好地获得成功。从容接受失败。

人生无须太完美。

第二节　走出恐惧的牢笼

你的心是否在"怦怦"跳？你的手是否在不停地抖？你是否会语无伦次？

32岁的格丽斯正在一家餐馆吃一顿普通的午餐，她谨慎地、小口地吃三明治的姿态似乎并不值得一提，对他人而言似乎普通得不能再普通，但对她而言，这却是一个了不起的进步。她在求学期间，不敢在餐馆里吃饭，因为她总是感觉很多同班同学在盯着她，在笑话她。她在20岁的时候，才了解到她患有社会焦虑失调症，即通常所说的社会恐惧症。尽管经过治疗有所改善，但格丽斯仍在痛苦地挣扎着。"如果我能在日常生活中克服恐惧，我就会成为一个与众不同的人。"她说。

恐惧、害怕、紧张这些情绪是所有人都会有的情绪，因为它们是人类在适应环境的过程中与生俱来的本能，正因为有这些本能，我们才能躲避危险，保护自己。被调查过的大学生中的半数人会把自己描述成是有恐惧心理的。据调查，在人生的关键时刻，1/8的人会变得非常胆怯，以至于他们无法走出社会恐惧症的阴影。在某些场合，心跳会加速，手掌会出汗，嘴巴会变干，话语会消失，思想会受阻，而且还会有一种想逃离的冲动。在美国，社会恐惧症是位列抑郁和酗酒之后的第三大最为普通的精神失调症。有些社会恐惧症患者不敢使用公共休息室或在电话亭说话，还有些人则在老板或异性面前变得沉默不语。更有甚者，他们过起了隐居生活，避免在日常生活中和他人接触。

心理学家认为，所谓恐惧心理，是在遇到危险情况或想象、回忆、预感的危险中，个人或群体深刻感受到的一种强烈而压抑的紧张害怕情绪。

恐惧心理的产生与过去的心理感受和亲身体验有关。俗话说："一朝被蛇咬，十年怕井绳。"有的人在过去受到过某种刺激，大脑中形成了一个兴奋点，当再遇到同样的情景时，以往的经验被唤起，就会产生恐惧感。

恐惧心理还与人的性格有关。一般，从小就害羞、胆量小，长大以后也不善于交际、孤独、内向的人，容易产生恐惧心理。

究其原因，可能是对自己过于苛求，希望自己给别人留下好印象，害怕留下坏印象。可能是过度的自省变成了自责，自己越来越不自信；也可能是自信心不足，很多时候会根据别人的评价来判断自己，害怕别人对自己有坏的评价，从而产生恐惧心理。

其表现为：神经高度紧张，内心充满害怕，注意力无法集中，脑子里一片空白，不能正确判断或控制自己的举止，变得容易冲动。

某团一名新战士听战友说，前几年连里有个战士在做单杠训练时不慎摔下，成了植物人。这让他对器械训练产生了恐惧，脑中总会浮现出那个战士从上面摔下昏迷的场景，于是心跳加速，两腿发软。他不知该怎样摆脱目前的困境。

这位新战士所表现出来的是一种典型的恐惧心理。恐惧心理会作用于人的生理和行为，就像这位新战士所表现出的心跳加速、两腿发软，在处理事情时，可能产生思维短路、行为失常、自控能力减弱等情况。对一般人来说，在面对未知的、未曾体验的或是有过失败经历的事物时，或多或少都会产生一定的心理不适，严重的就会产生恐惧心理。这位战士所遇到的情况就是这样。

克服恐惧心理，既要看到器械训练的危险性，又要不过分夸大其危险性。器械训练是部队日常训练中的一个重要部分，在训练中确实可能发生某些意外事件，但这毕竟概率极小。一般情况下，只要严格遵守器械的使用规范，科学、正确地进行训练，就能有效避免危险情况的发生。

还要有一个积极的自我暗示。平时以及训练之前都要尽量不去想"可能会摔伤"等负面场景，多给自己正面的自我暗示，例如：想象自己成功完成了训练动作，赢得战友夸奖的情景，以此来鼓舞自己、增强信心。

当然，还要注重提高自己的身体素质和军事技能，以达到训练要求。"艺高人胆大"，身体素质提高了，军事技能加强了，自信心就会增加，训练的安全性就会增强，有助于更好地完成训练任务。如果刚开始身体素质还不是很好，可先适当降低要求，循序渐进地提高训练强度和标准，并在训练中逐步增强成功感，从而提高胆量和训练成绩。

在训练之前，组织者要做好保护措施，如场地铺细沙、铺软垫子等，多给参训官兵以鼓励，增强他们的信心，同时也要做好急救准备。良好的保障工作也可以从另一方面增强受训者的信心，减少对训练的恐惧。

那么，如何克服恐惧呢？

1. 硬着头皮，多经历，减少恐惧。

逃避恐惧将使你无法克服它。相反地，当你逐渐接触自己害怕的东西，学习面对它们，你将发现，你所害怕的事物并未真正发生，渐渐地你放下对它们的恐惧。假如你害怕蜘蛛，在这种脱敏疗法的训练中，你将开始面对你的恐惧，在有人陪伴的情况下，你先试着接受照片上的蜘蛛。当你适应之后，可以试着目睹死蜘蛛，接着是活蜘蛛，你甚至可以学着用手捉蜘蛛。每次你可能仍会感到一些恐惧，但当你知道所担心的事并未发生，你将渐渐习惯它。同样道理，对于公共场所的恐惧感也可以采用此种方法治疗。如果你曾经非常害怕在人们面前讲话，会手心冒汗，脑袋一片空白，你的脖子和肩膀还会一直有一股力量紧绷着。但是在每次当众讲话之后，你都会注意到，其实它并没有自己原先想象的那样糟糕。害怕的事情在现实中并没有像想象中的那样可怕。

所以，锻炼克服恐惧的一个方法，就是去多经历令自己感到恐惧的事，这样我们就会有更多的机会来提升自身的能力，认识到我们所恐惧的事实际上并没有我们想象的那么可怕。

2. 转移注意力。

当你被恐惧侵袭，不妨做点心理活动以转移注意力，比如做心算，或者阅读、朗诵或深呼吸。当你的注意力投入到这些活动中，可以减少恐惧的想法及影像。你的身体将平静下来，不会失控。

3. 测量自己的恐惧程度。

若将你的恐惧程度分十级，你将发现，你对同一事物的恐惧程度并非一成不变，而是有所变化，时高时低。记录下来哪些想法或活动会使你增加或降低恐惧感。了解这些诱因，将帮助你控制恐惧。

4. 静坐冥思，练习探索自己的内心世界。

从面对我们内心世界的恐惧开始，逐渐摆脱外部世界带来的恐惧。每天，我们应该花一些时间来静坐冥思。每天早上和晚上都至少要有5-10分钟的时间。特别是当我们练习静坐的时候，应该保持这样的态度，即对我们正在经历的这一瞬间保持好奇。

随着我们练习如何探索内心世界的次数越来越多，我们会更容易地接触到那些在内心深处所真正恐惧的，像是一些我们不曾希望出现的念头，一些不愉快的情感，比如焦虑和愤怒，还有不成熟的心理，比如嫉妒和贪婪。通过练习，摆脱内心的恐惧，我们发现，我们将有更多的勇气去面对外部世界中那些使我们望而却步的事物。

5. 控制呼吸并探讨恐惧。

控制呼吸，令它变得缓慢而柔和。随着呼气，试着让呼气的过程更长一点；随着好奇心，探索着恐惧是如何在我们身体上表现出来的。当我们注意到恐惧的生理现象后，会发现，我们自身和情感之间的空间变大了。我们对待情感变得更加客观了。

6. 让积极的结果表象化。

把恐惧的念头转变成积极的念头。我们可以使一个积极的结果表象化，令其成为我们所要做的事。当你走到前面，面对人们进行演讲时，要想象底下的观众如何的积极，如何地被你的讲话打动，而你则努力保持着一种友善而负责的态度和精神完成这次演讲。当我们能在心里看到一个积极的结果时，就会很容易地说，"我真的可以做这个！"恐惧就不再阻碍我们了。

7. 培养乐观的人生情趣和坚强的意志。

通过学习英雄人物的事迹，用英雄人物勇敢顽强的精神激励自己。在平时的训练和生活中，有意识地在艰苦的环境下磨炼自己，培养勇敢顽强的作风。这样，即使真正陷入危险情境，也不会一下子变得惊慌失措，而是沉着冷静，机智应对。

8. 提高各项心理素质。

比如，进行危险情景模拟训练，设置各种可能遇到的情况，有针对性地进行心理训练，形成对危险情境的预期心理准备状态，就能够有效地战胜紧张和不安等不良情绪，提高心理适应和平衡性，增强信心和勇气，以无畏的精神克服恐惧心理。

9. 自我调适。

把能引起你紧张、恐惧的各种场面，由轻到重依次列成表（越具体、详细越好），分别抄到不同的卡片上，把最不令你恐惧的场面放在最前面，把最令你恐惧的场面放在最后面，卡片按顺序依次排列好。

10. 进行松弛训练。

坐在一个舒服的座位上，有规律地深呼吸，让全身放松。进入松弛状态后，拿出上述系列卡片中的第一张，想象上面的情景，想象得越逼真、越鲜明越好。

　　如果你觉得有点不安、紧张和害怕，就停下来莫再想象，做深呼吸，使自己再度松弛下来。完全松弛后，重新想象刚才失败的情景。若不安和紧张再次发生，就再停止后放松，如此反复，直至卡片上的情景不会再使你不安和紧张为止。

　　按同样方法继续下一个使你更恐惧的场面（下一张卡片）。注意，每次进入下一张卡片的想象，都要以你在想象上一张卡片时不再感到不安和紧张为标准。否则，不得进入下一阶段。

　　当你想象最令你恐惧的场面也不会感到脸红时，便可再按由轻至重的顺序进行现场锻炼，若在现场出现不安和紧张，亦同样让自己做深呼吸，放松身心来对抗，直至不再恐惧、紧张为止。

第三节　别让焦虑毁了你

你有没有过因焦虑而优柔寡断、自我否定？当开始一个新的项目时，当刚融入一个新的群体时，心里会不会七上八下、忐忑不安甚至有些恐惧？在微信上发布一下自己的见闻，晒晒自己的心得，转发一个自己感兴趣的话题……这些事情看上去既有趣又有意义，你心生向往，跃跃欲试，但最终是不是还是为自己编了一堆理由放弃，只因为怕被人看不起，甚至害怕其中可能存在的风险？如果你会这样，那么焦虑和过度谨慎可能已经妨碍到你追逐梦想、过上有意义且充实的生活。逃避只会恶性循环，让你更加不自信；而着手行动，则会建立正向回路，让你自然而然减少焦虑。

我们有时会把生活想得过于美好，因此，当得不到预期的效果时，便会陷入焦虑。

在旁人的眼里，阿梅拥有一份令人羡慕的工作。她在某国际广告公司做奢侈品公关，每天出入于高档写字楼，接触最前沿的时尚资讯。

但阿梅已经连续一个月在她的微信群里愤愤不平了，不是吐槽客户太无理就是吐槽工作太累。她说很多客户都不理解她，她说天天加班，天天一身疲惫回家，这样一天又一天过的是什么生活！

其实这一切她都可以忍受，没有不累的工作，哪个老板会白给员工饭吃，她不能忍受的，是付出这么多，而她的月薪却只是最普遍的工资。她观察了一下行业情形，可能未来几年她还是只有这点工资。

每天上班路上的两小时，她看到地铁从荒凉的郊区开到繁华的CBD，就是她每天的生活状态，在高端上档次和低端没气质之间不停切换，而后者才是她生活的真相。

她曾经想回老家，但是家乡小城市的微薄收入和保守的思想，还有那相对封闭的环境、小小的视界，都让她无法适应。留在北京，则要面对无法直视的房价。

她很焦虑，她被生活困住了。

像阿梅这样的姑娘，像阿梅这样境况的人，还有很多。她们大多刚毕业没几年，有的比较幸运，身处名企，更多的则在默默无闻的小公司悄无声息地混着高不高低不低的工资。

她们曾经对离开象牙塔后的生活充满期待，希望自己可以旅游，可以健身，可以看书，可以过上充实而和美的生活。

但是后来她们发现，她们的工作没有想象中那么好，她们的工资也没有想象中那么高，加班却比想象中要多得多，而来自家庭和社会的压力也越来越大。你该谈恋爱了，不然好小伙儿都被挑光了；你工资才这么点儿，当初还不如别上大学早点上班；你现在买不起房，以后只会更加买不起房……

当生活揭去了朦胧的美好面纱，露出这样残忍的一面，她们焦虑了。

其实很多时候，我们的焦虑，是因为能力与欲望不匹配。我们想要月薪过万，但我们能力一般；我们想要买这、买那，但我们钱包空空。我们想获得的很多，能够拥有的却很少。

当梦想与现实相距很大的时候，人便特别容易羡慕别人的生活，也会觉得自己格外失败，然后陷入无边的消沉和焦虑。

她们不知道，其实是她们太急了，她们想要的生活，总会得到的，唯独需要的是用时间去历练。

一个叫阿青的姑娘，她刚毕业，学历不算太高，在南京的第一份工作薪资不到 3000 元。

很多人不明白她怎么可以接受这样的工资，也不明白这样的工资在南京怎样生活。但是她说，刚毕业的她，最要紧的是学东西，生活会慢慢好起来的。

大概是因为她努力又踏实，一年以后，她跳槽去了南京一家颇具规模的通信公司，工资涨了不止一倍。

阿青没有经历过焦虑的情形吗？答案是肯定的，她一定经历过。只是她明白这样的焦虑毫无用处，因此才调整心态，决定从零开始。

阿青的生活为什么可以越来越好？因为她当初对自己做了正确的评估，并且做了很多人不愿意做的事，她获得了回报。

你看，没有人可以坐地起楼。一步一步往上爬，慢慢地改善生活，才是更多普通人的常态。所以，请忘记焦虑吧，把自己放在正确的位置上，用踏实的心对待自己的一切，慢慢地成长。

虽然在这过程中，我们难免会经历一些挫折，但只要我们足够坚定，最终都会走出一条属于自己的路来。如同蝴蝶破茧，中间挣扎的过程，让它的翅膀变得有力，最终可以飞向天空。茅盾老先生说："奋斗以求改善生活，是可敬的行为。你要相信，总有一天，我们可以过上喜欢的生活。"

整日工作的人们，在大都市生存的普通人，多多少少都会有些焦虑，工作忙碌，早已习惯紧绷的步伐，只要一慢下来，就觉得全身不对劲，如同散了架；有些事情只要交到别人手上，就会不放心；总是试图武装自己，却经常感到力不从心；患得患失，杞人忧天，等等。如果以上情况时常发生在你的身上，那你一定要注意，纵使工作再忙、事情再多，还是要适时地慢下步伐，找回生活的理想步调。

下面是一些克服焦虑的办法。

1. 不要坐等焦虑减轻。

人的天性就包括产生焦虑，它不会自己减轻。人类的大脑生来就憎恶不确定性、不可预计性和变化，只是有些人天生更为敏感。然而，当你顶着焦虑，采取行动，朝着目标迈进时，大脑会重新评估，并告诉你其实不确定性也没有那么危险，这就是成功的第一步。随着时间的推移，即使感到焦虑，你也会认为自己有行动能力并且能够通过行动获得成功。

2. 观察自己，请人提醒你太过紧绷的行为。

花些时间将自己的固定行程记录下来，请你的同事或者朋友在你的神经太过紧绷的时候提醒你。这并不是故意要让你感到难堪，而是能让你学着如何过更有弹性、更放松的生活。

3. 尝试新事物。

试着去尝试新的食物、运动，甚至是一个新的工作环境。然而新的环境往往伴随而来的是新的人际关系，同时也带来舆论的压力。这时候，你必须保持最好的心情，但做好最坏的打算：你可能会因别人的评论而受伤，也有可能你只是对自己太缺乏自信。无论如何，不断地尝试新事物能使你的适应力提升，焦虑感也能快速降低。

4. 设立适合自己的目标。

我们都有不同的性格、脾气和喜好，并不是每个人都会成为自己想要成为的人物，也并不会每件事都会顺顺利利。焦虑让你觉得自己不如别人的能力大，不如别人会做事。如果你不了解真正的自己，在设立目标时，就很有可能会照旧去做一些社会认可的事情，或是满足他人期望的事情。这种情况下，你设立的目标很难成为长期坚持的目标，尤其是那些你并非真正热爱的事情。与其总是想自己"应该"做什么，不如换个角度想想你真正想要什么，说不定你是个有创造力的人，或是想要生活与工作平衡、想去旅行、想活得更健康，又或者你只是想找个可心的人。不管你想要什么，想清楚，然后找到最容易入手的事情，行动起来。把目标用具体的、可量化的方式表达，比如："下周散步三次，每次20分钟。"切记，不要想着一步登天，一口吃成个胖子。另外，达成目标的动机最好是内心驱使，而不是为了取悦他人。

5. 转移注意力。

想起不开心的事时，如果不能解决它，就不要再想。强迫自己去做别的事，尽量转移注意力。据心理专家研究，人在心情压抑时，大脑中的杏仁核处于兴奋红热状态。只有去做别的事，淡忘不开心的事，杏仁核的兴奋度才会降低。若是继续想不开心的事，杏仁核就会越来越红热。杏仁核长期处于兴奋状态可引发抑郁症。这很危险。所以要尽量转移注意力。

6. 活在当下。

不要去想其他千千万万件你应该做但还没有做的事情。慢下脚步，专注于你在这个时间点要做的，别忘了什么东西对你来说才是最重要的。

7. 尝试新方法。

你是否常常因"习惯"而一直用同一种方式完成同一件事？尝试新的方法吧！比如，走不同的路去上班，或者报名上瑜伽课。告诉自己：用别的方式也能完成同一件事，并且不会害你出差错。

8. 不要小题大做、杞人忧天。

面对风险，焦虑的人习惯性地关注坏的结果，而面对负面结果时，他们也更倾向于关注这个结果到底会坏到什么程度。他们会想，换工作投简历没有反馈怎么办？不换工作当前的状态又让自己痛苦不堪怎么办？工作稍微慢一点，领导会不会批评？这些结果都不是我们想要的，但是它们到底有多糟糕呢？比患癌症更糟糕？还是比家人离世更糟糕？相信答案一定是"不！"那么你能挺过去吗？你有应对的策略吗？或者等下次换个方式再试试？相信你可以的！焦虑让你过度高估了采取行动的风险，但是不是也该考虑考虑一直处在糟糕状况下的风险呢？

9. 妥协让步。

如果你总是不认同同事、邻居、朋友的建议，渐渐地他们会停止给你忠告。记得要聆听他人的想法，可以试着与他们一起讨论、一起完成一件事，并且尝试找到一个双赢的结果。

10. 学着放手。

放下，放空，放平，放心，放手，你能做到哪一样呢？试着不去计较小事情，能让你过得更好。如果你的另一半总是不像你一样把毛巾折得好好的，或者你的孩子起床后不叠棉被，你也不要太在意。保持沉默在一开始往往是最困难的，但想想看，当你不再想控制一切，不再逼自己完成每一件事，你将会多自由、多快乐！

11. 试试看。

你是否常常使用"不行""不应该""不对"这几个字？如果是这样，那就代表你让自己越来越紧绷了，试试这几个字吧，"试试看""一起尝试""我不确定"或者"你认为"一板一眼的态度并不能让事情变得更完美。

12. 练习改变。

就像练习伸展一样，持续的练习将使你的身体越来越柔软。而心灵也是这样。有时适当的放松能使你的心理状态更有弹性。在面对新事物时，你越是能挑战自己，越能在日常生活中接受新刺激，并且能融入其中。

13. 运动。

多做有氧运动，有氧运动可以让人神经放松，也可以让运动中的快乐消除精神上的压抑。

14. 多赞美自己。

追逐梦想是艰难的，沿途要面对无数不可避免的阻碍和失败。有些事情可能结果并不是那么完美，这时千万不要打击自己，给自己增加障碍。人生许多重要的成功都有些运气的成分在里面。我们只能控制自己，不能左右他人和环境。你可以为自己辩护，也会因此而受到批评和打压，但是这并不意味着你做错了什么。大脑天生就容易关注负面信息，因为它的机制是以保护自我为中心，而不是以提升能力为中心的。要克服这种偏差，你必须刻意关注事情的积极方面，认可自己的冒险行为，适应不安，或者当你想蜷在家里什么都不做时，表现出来。你不能控制结果，但你可以鼓励自己在过程中付出努力。这样，你就能一直保持活力。

你的焦虑，与什么有关？对外来说，也许是无尽的诱惑；对内而言，也许是熊熊的欲望。或许千帆过尽，你才发现，也许某些事情根本与你无关。你该试着掌控焦虑，而不是让它掌控你。你还是可以选择向前进，采取结构化的行动，从而构建心理韧性和自信，为获得充实、有意义的生活创造可能。

你所追求的只是简单的快乐。如果你还不知道自己想要什么，就静下心来，倾听你的第一反应。回忆一下你最快乐的时光，比较不同的快乐，哪一样更使你觉得有无限的满足感，让你觉得这一刻自己真实而愉悦地存在着，让你有想进一步追求的欲望？借此，你能让自己真正听从内心的声音，找到对自己最重要的东西。

自己挠痒自己笑

第四节　抑郁是生命的毒药

2014年8月11日下午，美国喜剧大师罗宾·威廉姆斯被发现在家中停止了呼吸，警方最终确认为自杀死亡。很多人直到听到这个噩耗的时候才发现，这位被美国媒体誉为"为美国带来快乐的第一人"和"触动了人类灵魂的每一个元素"的天才演员，曾自述自己已经和抑郁苦苦搏斗了十几年，还饱受毒品和酗酒的困扰。最终，他选择了自杀，心理问题毫无疑问是一个重要因素——但是，到底是谁偷走了他的快乐？

2003年8月4日凌晨，韩国现代峨山公司董事长郑梦宪在首尔总部大楼跳楼自杀。对侦探来说，郑梦宪的自杀原因不明，因为他们要的是直接而具体的事件——政治丑闻、巨额亏损、家族纷争。而对心理医生来说，郑梦宪自杀的原因已足够清晰，那就是由于压力而产生的难以解脱的抑郁。郑梦宪给妻子的遗书中有这样的话："我把家庭的重担全留给你一个人了。"

中国也不乏企业家因抑郁而自杀的例子，而且大有愈演愈烈之势。

1993年，广东茂名企业家冯永明割腕自杀，时年29岁。原因是面粉厂经营不善，患上的重度抑郁症。

1997年，全国"五一劳动奖章"获得者，优秀青年企业家陈星国在遵义开枪自杀。他领导的贵州习酒有限责任公司拖欠债务高达4亿多元，他无法接受被其他公司兼并的现实，故而选择自杀。

……

抑郁之于中国企业家和高级经理人，早已不是秘密。很多企业家和高级经理人是带有抑郁情绪的，但他们确实也有诸多理由怀疑"抑郁是一种病"的说法是否夸大其词，比如，"如果面粉厂经营得好，冯永明就不会抑郁""如果习酒公司没有欠那么多钱，陈星国就不会自杀"。

接下来，就顺理成章地否定了"抑郁是一种病"，而将抑郁判断为"意志力不够""事业心不强""解决问题的能力不强"等，认定这一切是"思想问题"。于是，克服抑郁的方法就出台了：变本加厉地工作再工作，以"磨炼"自己的心理承受力。

难道上述人等抑郁自杀的原因真的是"思想问题"吗？要知道，54岁的郑梦宪拥有美国MBA学历，以头脑冷静、精于谋划著称，是韩国现代集团的创始人郑周永从几个儿子中亲自选定的接班人。陈星国在15年时间里，把一个年产值只有300多万元的县办企业，发展成为年销售额达2亿多元的国家二级企业。

抑郁至少是病兆，而抑郁症肯定是一种病；但这种病是可以控制的，甚至是可以利用的。

有位台湾老板，在大陆投资很多，但总打不开市场局面。钱还在不断地烧，但看不到好转迹象；如果放弃，则前功尽弃。他陷入了典型的抑郁状态，沉默不语，甚至拒绝再谈工作，企业发展就此停顿。

心理医生认为，不仅是人，动物、植物都可能处于抑郁状态。抑郁是为了生存，比如植物抑郁，叶子枯萎，是为了减少水分消耗；人抑郁，会不做决定，不去接触社会，减少压力。虽然是消极防御，但毕竟属于自我调节。

那位台湾老板信佛教，不肯轻易开除员工。医生的建议是，既然你已经陷入抑郁，该裁员就裁员，该减少开支就减少开支。

人的情绪有五个状态："躁狂——轻躁狂——正常情绪——心境不良——抑郁"。正常人都在中间三个情绪中波动。从有一定心理问题的人，到有人格障碍的人，再到有严重精神问题的人，界限总不是那么泾渭分明。

成功所需要的性格要素与精神的病态往往难以区分。在成功人士中，有很多人都属于轻躁狂。轻躁狂的表现是精力旺盛，思维活跃，非常热情，发散性思维和创造性思维都很强，缺乏持续性。再比如偏执狂，意志极坚定，看法极顽固，他要努力实现自己的想法，不怕任何挫折。

如果一味以事业为本，太过强调奉献，对自己进行杀鸡取卵式的心理压榨，结果将事与愿违。夜以继日地工作，人会陷入"心理枯竭"，简单地说就是太累了，精神强直了。"心理枯竭"的人，会情绪暴躁，轻易决策，忽略复杂，倾向于一切简单化，不被远景鼓舞，意义感很差，陷入"哲学的贫困"，每天都在问"我活着究竟是为了什么？"这个终极问题。他的事业和个人身心都将受到损害。

抑郁是一个奇怪的现象。今天的我们，比历史上任何时候都拥有更多的物质财富，更多的政治和经济自由，更多的健康保障，但不少人却觉得自己不幸福。他们虽然不缺吃少穿，但激发不起生活的热情；虽然有让旁人羡慕的职业，但提不起工作的积极性；虽然有一个稳定的家庭，但对家庭生活没有兴趣。不幸福是一种消极的心理状态。假如郁闷只是在一个短暂的时期出现，没有实质性地影响到自己的生活和工作，那么问题还不算严重。但是，假如一个人较长时间处于郁闷之中，以至于影响到自己的正常生活和工作，则是属于心理的病态了，是我们通常所说的"抑郁症"了。焦虑、压力、痛苦和抑郁，却前所未有的普遍。抑郁的危害，除了人们已经了解到的，如丧失工作乐趣，影响工作能力，诱发自杀等，还会直接造成生理的病态。

所以，为什么？我们的快乐究竟到哪里去了？

抑郁源于压力。从心理学上讲，任何能影响人们心理和生理健康状况的干扰，都可称之为压力。造成抑郁的压力与突如其来的打击不同，它绵绵不绝，无休无止，让人看不到前景，使人处于两难之中。

工作过重、人际沟通、角色冲突、环境污染、社会变化、公司经营、夫妻关系、亲子关系……压力无处不在。

企业家大都比常人坚强，所以他们在高强度压力下会出现初期抑郁症状，诸如性格改变，失眠，记忆力减退，食欲、性欲不振，确实不能算病。但如只将其当作是"思想问题"，并采用上述解决"思想问题"的自发"疗法"，变本加厉地工作再工作，则很有可能会出现狂躁、胡闹、情绪异常、酗酒等严重症状。长此以往，就是不折不扣的精神残疾了。

抑郁症的发生，小到基因分子变化，大到家庭社会环境，都有其影响；就连每位具体抑郁症患者的发病原因和症状发展也各不相同。我们要了解，在面临抑郁风险时，该如何寻求医疗援助，这也为的是在身边人出现问题时，能够以正确的方式去帮助他们。

再看几组触目惊心的数字。

1982年时，全国调查显示，抑郁症发病率仅0.83‰，而2006年时，已增加到8%，近30年的时间增加了近100倍。此后，这个比率一直在以惊人的速度增长。

2003年，来自北京心理危机研究与干预中心的调查数据显示：每年我国约有28.7万人自杀死亡，除此之外，还有约200万自杀未遂者。在国民死亡原因中，自杀已经排在了第五位。

据世界卫生组织统计，到2015年，全世界抑郁症患者已达3.4亿人，抑郁症已成世界第五大疾病，预计到2020年，将跃升至第二位。

每2000—3000位妇女中，就有1例会发生产后抑郁，有的症状从轻度的产后抑郁会演变到严重的自杀及抑制性精神疾病。

是什么原因导致抑郁呢？

1. 各种器质性疾病和慢性疾病可导致轻中度及重度抑郁。

比如，代谢及内分泌疾病，如甲减、甲亢、糖尿病、感染性疾病（如流感、肝炎、脑炎）、退行性疾病（如阿尔茨海默病）、多发性硬化以及肿瘤等。

2. 情绪异常。

是指从抑郁到躁狂症或是任何一种情绪发作的延长。事实上严重的抑郁可持续数周，中度抑郁通常见于循环性疾病，持续两年以上。慢性焦虑，如恐慌和强迫症，也伴有抑郁。

3. 长期酗酒及酒精中毒常导致抑郁。

4. 药物有致抑郁的副作用。

最常见的是巴比妥盐、化疗药（如天冬酰胺酶）、抗惊厥药（如地西泮）、抗心律失常药（如丙吡胺）及其他致抑郁的药物（有中枢性抗高血压药利血平、N-甲基多巴胺、奎尼丁、β受体阻滞剂普萘洛尔、左旋多巴胺、吲哚美辛、环丝氨酸、皮质激素及皮质激素类避孕药等）。

抑郁症初期症状具有以下特点。

1. 心情低落：闷闷不乐，兴趣减退，产生无用感、负罪感、无望感、无助感和无价值感。

2. 思维迟缓：反应迟钝，思路闭塞，自觉"脑子好像是生了锈的机器"。

3. 意志活动减退：行动缓慢，生活被动、疏懒，不想做事，闭门独居，疏远亲友，社交退缩。

4. 认知功能减退：记忆力下降，注意力难以集中，做决定的能力下降，反应时间变长，学习困难，语言流畅性差。

5. 睡眠障碍：入睡困难，睡眠不深，或者总是早醒，醒后不能再入睡。持久地忧虑、焦虑或感到空虚、不安和焦躁，表现在睡眠变化上。

朋友们可以对照以上特点进行自我诊断，看自己是否抑郁。

美国学者卡托尔认为，不同的人会进入不同的抑郁状态。

有些学者总结出以下办法，可以帮助抑郁的人减压。

1. **遵守生活秩序。**

与人约会要准时到达,饮食休闲要按部就班,从稳定、规律的生活中领会生活的情趣。

2. **制订计划。**

遇到大量繁杂的事情时,分成若干部分,按顺序逐件完成,切莫逞能,以免事情没做好,自己受到打击。

3. **降低要求。**

处理并行工作的能力很重要,但你无法同时做好数件重要而有难度的事。不要以千手观音的标准要求自己,否则你将极度失落,倍感挫折。

4. **留意自己的外观。**

保持桌面整洁,抽屉空空,文件夹干净。扔掉过期杂志、无用文档等一切杂物。那些东西原则上"可能有用",但事实上却让人"看着闹心"。身体要保持清洁卫生,不要身穿邋遢的衣服。房间、院落也要随时打扫干净。

5. **即使在抑郁状态下,也绝不放弃自己的学习和工作。**

6. **不得强压怒气,对人、对事要宽宏大度。**

7. **学会倾诉。**

心情不好时,主动向值得信赖的朋友、配偶或长者倾诉内心的痛苦,一"吐"为快,可以获得安慰、帮助和支持。

8. **主动吸收新知识,"活到老学到老"。**

9. **即使是小事,也要采取合乎情理的行动。**

即使你的心情烦闷,仍要特别注意自己的言行,让自己的言行合乎情理。

10. **对待他人的态度要因人而异。**

具有抑郁心情的人,对外界每个人的反应、态度几乎表现得相同。这是不对的,如果你也有这种倾向,应尽快纠正。

11. **不要把自己的生活与他人的生活做比较。**

如果你时常把自己的生活与他人的生活做比较，表明你已经有了潜在的抑郁，应尽快克服。

12. 将日常生活中美好的事记录下来。

13. 尝试以前没有做过的事。

要积极地开辟新的生活园地，使生活更充实。

14. 学会说"不"，学会放手，学会暂停。

一场足球比赛要持续90分钟，高手之所以为高手，就高在善于保存体力，控制节奏，到紧要关头才倾尽全力，一击致命。

15. 锻炼身体。

适当从事游泳、跳绳、骑自行车、慢跑、快走、爬山等有氧运动。利用一切机会多运动，这些运动能够让血液循环起来，让肾上腺素的分泌旺盛起来，让大脑活跃起来，从而使身心松弛起来。体育锻炼不仅能强身健体，还能消除不良情绪、消除心理疲劳。

16. 培养兴趣爱好，拓宽自己的兴趣范围。

琴棋书画、养鸟、养鱼、写作、旅游、垂钓，都是减轻或消除压力的好方法。

17. 与精力旺盛而又乐观的人交往。

不要过分强化对抑郁的恐惧，抑郁是可以控制的，甚至是可以利用的。

虽然抑郁作为资源的概率极小，但毕竟这个可能性是存在的。抑郁就像流水，解决抑郁要因势利导，不能急于求成。比如，医生认定这次抑郁大概要持续三个月，那么就应考虑：如何在这三个月中既度过抑郁，又符合自己的人格色彩？

有位省级干部人选，在权力重新分配中被任命为某外地企业领导。他怀着满腔的不情愿到任后，该企业又刚好非常排外。这位领导在当地没有亲人，没有社会支持，不要说改革，就是任务也很难按部就班地完成。他想撤手走人，但以他的身份、地位，又无处可去。抑郁产生了，他开始失眠，健忘，吃不下饭，憔悴消瘦，甚至整天躲着人，不出门。最终，他的太太硬把他拉到了心理医生处。

医生的劝告是，暂时离开岗位休假，尝试把抑郁当作朋友相处一段时间，做自己想做的事情，体验家庭的温暖和私人的快意。这位领导脱离抑郁比医生预料得要快。而此时，医生却鼓励他，不妨在抑郁状态中再停留一段时间。

抑郁的好处有哪些？

1. 适当的抑郁可以通过情绪变换来释放躯体疾病。

有心理学家认为，适当的抑郁是一种能力，是一种自我调整，只有智商和情商高到一定程度的人，才会通过抑郁释放压力。确实有一种人，永远都不允许自己抑郁，他认为，抑郁就是示弱，最后的结果就是通过躯体变化，释放压力。

2. 抑郁还可以消除人的狂妄，使其回到现实的情境中。

人甚至还可以从抑郁中获益，比如获得大家的谅解和关心。

对抑郁因势利导的方法，有些企业的"HOPDAY"（发泄日）算是一个对抑郁加以运用的极致。日本的一些企业，因为企业文化较为压抑，企业会设置"发泄室"，员工可以在里面对"模型老板"任意拳打脚踢，发泄心中的不满与怨气。"HOPDAY"是日本企业发泄室的一种变形，在这个日子里，员工和老板相互开玩笑，说具有侵犯性和攻击性的话语，任何人都不得动怒。

中国四川大学华西医院心理卫生中心设立了发泄室，室内色调血红，墙壁、地板都可以用头撞击。屋子里堆满的由塑料制成的假榔头、假棍棒等"凶器"。在心理医生的诱导下，人们对自己的"敌人"尽情叫骂、殴打……

山西太原也出现了发泄吧，发泄项目有拳击、陪练、陪哭、陪骂、散打、摔东西等。

自己挠痒自己笑

如果心中块垒难消，发泄一下也未尝不可，只要不再抑郁就好。毕竟，严重的抑郁是一种病。

人是有情感的高级动物，而每个人的生活环境和成长过程又都是不同的，所以任何人都有可能经历这样或者那样的情感、心理问题，从而导致抑郁情绪的产生。抑郁来源于人的爱好。当你喜欢它时，它就是美好的；当你得不到它时，心理就会有落差，从而产生抑郁情绪；而当你得到它时，也会抑郁，因为你会发现，它并不是恒久完美的。

人的欲望是无止境的，在追求与索取之间，人的情绪犹如大海里的波浪，永远是起伏不定的，因此快乐与抑郁也就不可避免地随时发生在我们身上。然而，处于抑郁情绪中的人，又是少欲，甚至可以说是无欲望的。生活中几乎每个人都有过这样的抑郁情绪，所以"缺知的人"大可不必取笑抑郁的人。

总之，无欲的抑郁情绪，往往来源于人自身心理的欲望与渴求。人们常说，"希望越大，失望越大"，这里所说的"希望"其实指的就是人的"欲望"。欲望过大的人，其实最容易丧失自我，坠入心理苦海，而人的真正希望是对未来生活的美好憧憬，是没有欲望、压力的"一定要拥有"的追求。真正的希望令人感觉生活美好，心里充满阳光和快乐。所以，在现实生活中，我们一定要争取做没有抑郁情绪的人。

第五节　别让"习得性无助"吞噬了自己

"习得性无助"是美国心理学家马丁·塞利格曼1967年在研究动物时提出的。他用狗做了一项经典实验，起初把狗关在笼子里，只要蜂音器一响，就给其以让其难以忍受的电击，狗关在笼子里逃避不了电击。多次实验后，蜂音器一响，在给电击前，先把笼门打开，此时，狗不但不逃，而且不等电击出现就先倒下开始呻吟和颤抖，本来可以主动逃离，却绝望地等待痛苦的来临，这就是习得性无助。

在对人类的实验观察中，心理学家也得到了与狗的习得性无助类似的结果。正如实验中那条绝望的狗一样，如果一个人总是在一项工作上失败，他就会在这项工作上放弃努力，甚至还会因此对自身产生怀疑，觉得自己"这也不行，那也不行"，无可救药，彻底无望。典型的例子是，学习成绩不好的学生会怪自己"天生就笨"，觉得自己智力不高，所以不再努力；经常失恋的人会责备自己"天生令人讨厌"，所以干脆放弃找对象的打算。他们都是因为有屡屡受挫的经验，所以陷入无为无助的绝望之中。

一个消极地面对生活的人，经常没有意志力去战胜困境，而且相当依赖别人的意见和帮助。这种状况的成因，除了生活的改变，特殊的生活体验外，服用药物有时也会造成这种心理困境。把一个情境中遭受的挫折、失败、无助、孤独、愤怒等不良情绪，不恰当地甚至不加任何思考地直接复制到新的情境当中，这就是心理学上所讲的习得性无助。

想象一下，你看到一个和你能力差不多的人，或者你很熟悉的人，不断尝试一项很重要的测试，结果总是失败，此时此刻，你会有什么样的反应？即使你并没有参加这个测试，可能也会自然而然地认定自己同样通不过。这样的无助感会被迁移到新的情境中。这样，即使你没有亲身遭遇失败，也会产生习得性无助。

根据塞利格曼的理论，人们的无助感的产生过程可分为四个阶段。

1. 在努力进行却没有任何结果的"不可控状态"中体验各种失败与挫折。

2. 在体验的基础上进行认知。

这时，人会感到自己的反应和结果没有关系，产生"自己无法控制行为结果和外部事件"的认知。

3. 形成"结果不可控"的认知。

"结果不可控"的认知使人觉得自己对外部事件无能为力，或感到无所适从，自己的反应无效，前景无望，即使努力也不可能取得成果，也就是说："结果不可控"的认知使人产生无助感。

4. 表现出动机、认知和情绪上的损害，严重影响以后的行为。

由习得性无助而产生的绝望、抑郁、意志消沉的心理偏差现象，正是许多心理和行为问题产生的根源。

在学业不良的长期积淀中，学生产生了非智力品质的弱化。初中时，一部分学生曾经努力过，也曾经洒过汗水，但无论怎么努力，仍然常常失败，很少甚至没有体验到成功的欢乐。一次次的失败，促使他们对此做出了不正确的归因。认为自己天生愚笨，能力不强，智力低下，不是学习的材料，因而主动地放弃了努力，举起了白旗。也有另一部分学生同样努力过，也曾经取得过自认为可以的成绩，但是往往不如他人，因而很少得到老师的表扬，长期被忽视，便逐渐丧失了自尊心，变得破罐子破摔起来。这便形成了习得性无助的学生群体。无助感与失尊感均是"习"得的，不是天生的，是经过无数次的重复、无数次的打击以后，慢慢形成的一种消极心理现象。在厌学群体中，此类学生占了很大的比重。

绝大多数儿童入学时是积极向上和充满热情的，他们对新奇事物充满兴趣，对一切活动都愿意去尝试。只是有些儿童发现，自己或同伴在不能顺利完成学习任务，常常受到老师的批评和嘲笑时，便产生了焦虑情绪，对探求事物和参加活动产生了恐惧心理。一旦有人监督自己，便显得焦虑不安和信心不足，完成任务就格外困难。经历了一系列失败之后，他们开始相信自身缺少取得成功的能力，不愿意为完成任务而付出认真的努力，而把主要精力放在维持他们在老师和同学眼中的所谓"自尊"和"身份"上。习得性无助是一个渐变的过程，老师们不恰当的评价方式，强化了这一过程。

淮安柴米河有几年河水越来越脏，发绿的河水常年散发着阵阵怪味。随后，在2014年4月25日，政风热线省市联动直播走进淮安。住在河边的陈女士带着一瓶河水走进了直播现场，当场向环保局局长下跪，请求尽快治理柴米河污染。有一篇以《"跪求治污"一定管用吗？》为题的评论，对这么做是否"管用"提出了疑问。题目中"一定"二字其实是多余的，因为文章的实际结论不是"不一定有用"，而是"肯定没用"。

这大概也是绝大多数人看了"跪求治污"报道后的真实想法。他们觉得这位陈女士很傻，跪求治污除了自取其辱之外，肯定不会有任何结果。确实，陈女士的"跪求"本身就是其他形式的"要求"或"请求"都无效、都没用的结果，她不会一开始就跪求，必定是试过了其他方法。正如下面的一条评论所说，"如果不是问题解决无门，谁会当众下跪呢？"

柴米河边的民众深受污染之害，如果为了解决与他们的健康和生命息息相关的污染问题，非下跪不可的话，如果他们还相信跪就能解决问题的话，那么，去跪的也许不会只是陈女士一人。他们为什么没有这么做呢？是因为这么做太没有公民的尊严，太没有做人的体面？还是有别的原因呢？

自己挠痒自己笑

人们从自己以往的经验中发现，再怎么求也不会起作用，所以天大的事也只好忍受，不再有所要求或希望。在心理学里，这叫习得性无助。陈女士的跪求之所以会成为新闻，是因为她很"傻"，做了绝大多数人都不会做的事。嘲笑她傻的人，其实是受了习得性无助的支配。

法国哲学家加缪在《西西弗斯的神话》中说："失去了希望，而且知道自己无望的人，在未来中是没有位置的。"不管我们如何非议陈女士的"哀民求告"的方式，她都是一个还没有放弃自己和子孙后代在未来的位置的人。就此而言，不管有用没用，求与不求，尤其是要求与不要求，还是有区别的。

一名女士被公司解雇了，因为上级领导认为她的工作能力已经不能胜任工作的要求，经过几个星期的休整和求职，她不停地遭受失败，最后决定干脆待在家里。她不再和朋友出门聚会，完全终止了她曾经热衷的社交活动——看电影，喝咖啡，跑步。她变得越来越抑郁，自尊心也逐渐丧失，从此失去了工作能力。

一位老人住进了一家高档的养老院，他再也不用照料自己了，现在的一切都由专门的护理人员来做。他不再给自己做饭，不再出门购物，不再打扫卫生。很快，他变得消沉，不活跃，说话越来越少，不如以前开心快乐，身体状况也每况愈下。不久，就去世了。

习得性无助现象产生的主要根源在于人的归因方式。在人群中，不同层面的人，或人的不同方面，不同程度地存在着习得性无助的心理偏差。这一点，在在校学生中，表现得比较集中。当有人认为造成自己学业、心理问题的因素，是内在的、稳定的、不可控制的时候，就容易感到内疚、沮丧和自卑，认为无论尽多大努力，都难以提高自己的学习成绩，从而失去学习动机，不愿做尝试性努力，产生得过且过的心理偏差。

习得性无助似乎是一种人类所不可避免的负面情绪。其实不然，习得性无助要比抑郁症的治疗简单、容易得多。此时此刻的我们，并不是"真的不行"，而是陷入习得性无助的心理状态中，这种心理让人自设樊篱，把失败的原因归结为自身不可改变的因素，放弃继续尝试的勇气和信心。所以要想让自己远离绝望，我们必须学会客观、理性地为自己的成功和失败找到确切原因。体验过成功的人，可以很快地克服习得性无助，并从中脱离出来。所以，教师遇到失败的学生，只需要在其他课程上让他们得到一个高分数，好的表扬，帮助他们意识到自己的能力可以使自己获得成功，习得性无助会消失得无影无踪。

第六节　把逆境当作成功的垫脚石

有一个叫杜兹的偏远农村，它位于距非洲撒哈拉沙漠不远的利比亚东部。这里环境十分恶劣，白天的平均气温高达42℃，一年中除了秋季会有短暂的降水外，其他绝大部分时间太阳都会炽烤着大地。然而，这里却生长着一种世界上最奇异的鱼，它能在长时间缺水、缺食物的情况下，忍着不死，并且通过漫长的休眠和不懈的自我解救，最终等来雨季，重获新生。

它便是非洲的杜兹肺鱼，一个逆境生存的典型。

每年，当干旱季节来临时，杜兹河流的水都会枯竭，当地的农民便再也无法从河流里得到现成的饮用水了。然而，这难不住他们，当他们在劳作口渴时，便会深挖河床里的淤泥，找出几条深藏其中的肺鱼，肺鱼体内储存了不少干净的水。农民们将挖出来的肺鱼对准自己的嘴巴，然后用力猛地挤上一顿，肺鱼体内的水便全部流了出来，这样就很容易解渴。

然后，它们便被随意一扔，再也没人顾及它们的死活。

有一条叫黑玛的杜兹肺鱼就不幸遇到了这样的事情：当一个农民挤干了它的水分后，便将它抛弃在河岸上。无遮无挡的黑玛被太阳晒得直冒油，生命垂危。好在它拼命地蹦呀、跳呀，最后终于跳回了之前的淤泥中，捡回了一条命。

但是，不幸远没有就此打住。

很快，又有一个农民要搭建一座泥房子，于是他开始到河床里取出一大堆的淤泥，好用它们做泥坯子。不巧，黑玛正好就在这堆淤泥中。于是，它又被这个农民毫不知情地打进泥坯里。泥坯被晒干后，那个农民便用它们垒墙，黑玛很自然地便成了墙的一部分，完全被埋进墙里，没有人知道墙里还有一条鱼。

此时，墙中的黑玛已完全脱离了水，而且没有任何食物，它必须依靠体内仅有的一些水，迅速进入彻底的休眠状态之中。

在黑暗中整整等待了半年后，黑玛终于等来了久违的短暂雨季，雨水将包裹黑玛的泥坯轻轻打湿，一些水汽开始渗入泥坯内部。

水汽很快将黑玛从深度休眠中唤醒，体衰力竭且体内水分已基本耗尽的黑玛，开始拼命地、整天整夜地吸呀吸，好将刚进入泥坯里的水汽和养分一点点地全部吸入——这是黑玛唯一的自救办法。

当再无水汽和养分可吸的时候，黑玛又开始了新一轮的休眠。

很快，新房盖好后的第一年过去了，包裹着黑玛的泥坯依旧坚如磐石，黑玛如同一块"活化石"被镶嵌在其中，一动也不能动。黑玛深知此时再多的挣扎都是徒劳，唯有静静等待。

第二年，在自然的变化以及地球重力的作用下，泥坯彼此之间已不如之前结合得那么好，它们开始有些松动。黑玛觉得机会来了，它不再休眠，而是开始日夜不停地用全身去磨蹭泥坯，生硬的泥坯刺得黑玛生疼，但它始终没有放弃。在它的坚持下，一些泥坯开始变成粉末，纷纷下落。

在黑玛昼夜不断的磨蹭之下，第三年，它周围的空间大了许多，甚至可以让它打个滚儿，翻个身了。但是，此时的黑玛还是无法脱身，泥坯外还有最后一层牢固的阻挡。

改变命运的转机发生在第四年。一场难得一见的狂风夹着米粒大小的暴雨，终于在某个夜里呼啸而至。更可喜的是，由于房子的主人已在一年前弃家而走了，这座房子已年久失修，在暴雨和狂风的作用下，泥坯开始纷纷松动、滑落，直至最后完全垮塌。此时，黑玛用尽全身最后的一点力气，与暴风雨里应外合，一使劲儿，破土而出了！

沿着满路面下泻的流水，重见天日的黑玛很快便游到不远处的一条河流中，那里有它期待了4年的一切食物和营养——杜兹肺鱼黑玛终于战胜了死亡，赢得重生！这是杜兹，也是整个撒哈拉沙漠里生命的奇迹。小小的黑玛经历了千辛万苦终于获得新生。

那么，我们该如何正确认识逆境呢？

1. 逆境是客观存在的。

一般来说，自然灾害和战争造成的灾难，是不以人的意志为转移的，是客观的，而对人际交往和升学、提职、家庭等方面出现的逆境，人们往往会认为是人为的，或神秘的命运所使，或缘分所定。在这些方面，虽然有人为的因素，但社会关系是客观的，它是人际交往和人生各个关键步骤中许许多多偶然因素造成的必然结果。只有正确认识逆境，才可能在实践中不断努力，摆脱逆境。

2. 逆境有特定的含义。

我们所说的逆境，是指人生旅程中坎坷的境遇。只有在人生旅程中，遭遇大的坎坷和磨难，身心都受到极大的伤害时，才可称之为逆境。

3. 逆境可以转化为顺境。

逆境同任何事物一样，是客观存在的，在一定条件下是可以向顺境转化的。认识到逆境是随着条件的变化而变化的，则需要把握环境的发展，抓住时机，积极创造条件，使不利因素变成有利因素，待条件成熟，因势利导，变逆境为顺境。相反，如果一遇逆境，就悲观失望，既无坚定信念，又没有顽强意志，更不主动去做准备，终日唉声叹气，怨天尤人，抱着玩世不恭的态度，虚度光阴，结果只能越走越远，成为环境的奴隶。

逆境有什么作用呢？

1. 逆境可以丰富一个人的阅历。

一个人在逆境中往往要比在顺境下看得更远，思考得更深刻。南唐后主李煜，倘若没有亡国被囚的经历，他的词也不会达到那么一个高峰。被囚之前，他过着"歌台暖响，春光融融，舞殿冷袖"的奢华生活，他的辞藻华丽，眼前总是一幅"车如流水马如龙"的景象。可是当他面对"别时容易见时难"的"无限江山"时，他留下了"问君能有几多愁，恰似一江春水向东流"的千古绝唱。安逸的生活本身不是坏事，而逆境带给人的阅历却更多，它随着年代的推移而自然增值，时间越久，价值越高。

2. 逆境可以塑造一个人的性格。

环境越是恶劣，越能激励人奋发上进，促进人去改变生存环境，进而使人产生"人十之，己百之"的上进心。历经磨难的人，适应性很强，不畏艰险，知难而进，能应付各种突如其来的事变。摩顶放踵，披荆斩棘，百折不挠，"虽九死其犹未悔"，直至成功。孟子也曾说过："天将降大任于斯人也，必先苦其心志，劳其筋骨，饿其体肤，空乏其身。"一个人，只有经过逆境的洗礼，才能完成人生涅槃，达到光辉的顶点。

3. 逆境可以激发一个人的潜力。

人的潜力是无限的。有科学研究表明，人类大脑的开发尚未达到10%。难以想象，人的潜能是多么的巨大。而逆境，正是这么一个最好的释放潜力的环境。无数具有超凡意志的人，在逆境中创造了无数的不可能：贝多芬在双耳失聪后创作了不朽的《命运交响曲》，屈原在颠沛流离之中写下了《离骚》，奥斯特洛夫斯基在身患重疾之下写成了世界名著《钢铁是怎样炼成的》。人在逆境中会像小草一样，越遭践踏，越芳香四溢。

因此，逆境求生，就是要认清逆境，并敢于正视逆境，把逆境看成是严峻的考验和磨炼，始终坚定信心，积极利用各种可以利用的因素，做好准备，待时机成熟，奋力搏击，使逆境成为人生旅程上的一个闪光点。"宝剑锋从磨砺出，梅花香自苦寒来"。在人生的漫漫长路上，不可能一帆风顺，我们会遇到许多挫折。身处逆境之中，只要我们坚信"天生我材必有用"，勇敢地去面对逆境，征服厄运，就一定可以到达胜利的彼岸。

并不是所有成功的人都出生在逆境之中。难道顺境中成长的人就不能成才吗？相对而言，顺境中的学习条件比逆境中的学习条件要优越许多，像"书香门第""艺术世家""祖传学风"中的子弟，一般来说，要比贫困家庭中的子弟的条件有利得多，而且有先尊与严师指点，不会"埋没人才"。

我国古代诗人杜牧就是一个实例。杜牧，出生在一个豪门世家，他从小便受到了良好的教育，在年轻的时候，事业上便有了很大的成就。他与李商隐被后人合称作"小李杜"。还有文天祥、鲁迅等人，这些不都是顺境也能出人才的最好证明吗？顺境只是为你提供了一个良好的学习环境，你不能因此而忘记人生需要奋斗才会有意义。人才是要靠自己努力得来的，不受周围的环境影响，只看你是否真正去奋斗了。

顺境与逆境，对于人的成长来说，都是外部环境条件，不管你是处在顺境中还是逆境中，都必需自觉地、认真地学习知识，提高学识水平与认知能力，使自己具有睿智的、清醒的头脑，以面对社会生存中所遇到的各种疑惑，成为有建树、有贡献的人才。

对于出生的环境，每个人都无法自己选择，一切只靠自己。生活在逆境中的人，是否对困难有免疫力？生活在顺境中的人，是否对一直保护自己的人说声"不必了"，自己的事自己会解决？成长和成为人才的本质是一样的，顺境和逆境也都是一个生命历程，最重要的是人是否勤奋，是否对学习有兴趣。所以无论你生活在哪种环境中，未来是由你自己来画上圆满的一笔的。人生的卷轴可以让你把所有的努力变为五彩缤纷的色彩，装点在上面，成为一幅独一无二的佳作。这些，将会让你懂得人生的意义。

屈原遭放逐，忧思而作《离骚》；司马迁虽受腐刑，笔下亦能弹跳出成为"史家之绝唱"的《史记》；民间艺人阿炳，双眼虽失明，但他并不因此而放弃，坚强的意志化为情韵缠绵的《二泉映月》；我国的华罗庚没有因自身残疾而停止向数学巅峰登攀；英国的拜伦不因自己足跛而阻碍自己成为闻名世界的大诗人；美籍华人张士柏，经历了从游泳健将到高位截瘫残疾人的巨大厄运，将苦难化为动力，勤奋学习，完成了许多健康人都做不到的事情；歌手郑智化也不因自己的残疾，而放弃对生活的热爱，他用一首又一首脍炙人口的歌曲，照亮了自己人生的航程……还有张海迪、李政道……逆境中成材的名人不胜枚举。北京"宏志班"的学生，个个在困境中长大，学会了用勇气、智慧和力量去战胜困难。他们像是野外的小草，饱经风雨踩躏却不倒伏。

所有这些，都足以说明：逆境，甚至不幸，并不意味着生命充满灰色和失败，只要你以坚强的毅力去挑战，你也能做出一番奇迹。但是，假如你是个懦夫，放心，成功自然会请你靠边站。"古之立大事者，不惟有超世之才，亦必有坚忍不拔之志。"这正是成功者对成功经验的高度概括，因为他们深知：对生活失去信心的人，永远享受不到与逆境抗争的乐趣，面对困难、不幸，能给自己以信心和力量去勇敢面对，这才是生命的意义。

俗话说："穷人的孩子早当家。"环境对人的成长是有一定影响的。逆境中的人更能正视自我，挖掘自己的勇气和巨大潜力，奋勇拼搏，最终成材。正如有人说的："苦难是所学校。"而学得好坏要看自己。

―――― 第七章

学会幸福

离婚的人难道就不应该好好地生活吗?

自己挠痒自己笑

第一节　感受幸福，是一门艺术

　　幸福是指使人心情舒畅的境遇和生活状态。幸福是一种甜美的感觉，更是一门艺术。只要你随时、随地对自己感到满足，那么幸福就在你身边。一个人感受幸福的能力不是与生俱来的，也不会有人天生与幸福绝缘，它是一种经过思考之后获得的智慧。

　　我们每个人每天都在羡慕别人幸福，而实际上别人每天也在羡慕我们幸福。我们往往只看到我们自己所没有的东西，而看不到自己已经拥有的东西。譬如，在人们的想象中，彼岸似乎更美，因为它离我们很遥远。可是我们却从来没有注意到彼岸的人也在观察我们，以为我们比他们更幸福，因为他们只看到我们光鲜和愉快的一面，而不知道我们内心的忧愁。又譬如，我们拥有的健康的身体，跟孩子一次亲切的对话，饭后和家人的漫步，一次难忘的旅行，这些不能被物化的东西，都羞于提起。当我们拥有它们时，并不知道珍惜，就像对环境的珍惜恰恰是在它被屡屡破坏之后。

　　幸福只有通过自己的纵向比较，才有深刻的感受。就像一个人健康地呼吸，会认为这是天下最自然的事情，但忽然有一天，他的肺部出现问题了，才明白能够自由地呼吸是多么幸福的事情。同样，当一个人繁忙地四处奔走时，他常常会觉得这样工作很累，忽然有一天他被困在病床上，他会无限向往地回忆起那些自由忙碌的日子。身患重病的人会觉得，健康是一种幸福；骨肉分离的人会觉得，阖家团聚是一种幸福；高考落榜的人会觉得，接到大学录取通知书是一种幸福；衣食无着的人会觉得，有吃有穿是一种幸福；有亿万家财的人往往人人羡慕，但他们反而会觉得那些没有多少负担、活得轻松简单的人更幸福；在雨夜中赶路被淋得浑身湿透的人，当他走进一家亮着灯的小店铺，一身干衣、一碗热汤所带来的幸福感往往最是刻骨铭心。

幸福只是一种感觉，是恰到好处地满足了人们的心理需要。有时候不吃也不喝，不唱也不说，就一个人静静地想，也是一种幸福，这时，幸福就在你的身边。没有人能彻底摆脱这种比较：人的失落或发奋总是别人有，而自己没有。我们的生活总是围绕着媒体或专家的话语在转，他们说，"这世界变化快，你要跟上啊！"他们说，"你有房子吗？赶快贷款买吧，以后会涨价！"广告总是暗示你：这世界又变了！这里有你需要奋斗的东西。你的身份或者幸福，被物化在商品中，让人充满了占有的欲望。人生的压力，真正来自于我们自己的内心。我们的心，被什么用鞭子抽了一下，然后，开始像陀螺一样旋转起来。

美国总统富兰克林·罗斯福在1933年3月4日首任就职演说中说过："幸福并不单纯地在于占有金钱，幸福还在于取得成就后的喜悦，在于创造性努力时的激情。"如果你觉得自己已经很幸福了，那么你就是幸福之人。其实幸福与不幸福，时刻装在每个人的心中。只要心灵有所满足，有所慰藉，就是幸福。

幸福，是一种对生活的思索过后凝聚的心灵反响。在某种程度上说，每个人的一生都是在追求幸福的，区别仅在于不同的人有不同的追求罢了。譬如，一个追求权力的人，一旦拥有了权力，就觉得自己拥有了幸福；一个追求财富的人，一旦拥有了金钱，就觉得自己拥有了幸福；一个追求平安的人，只要所有的亲人和自己无灾无险，也就心满意足地感到幸福；立志献身国防的人，觉得身穿"国防绿"是一种幸福；潜心于科学研究的人，觉得实验室里的寂寞和孤独是一种幸福；一心开拓进取的人，觉得终日奔波劳累是一种幸福。幸福从不偏袒任何人，对每个人都是公平的。一个人幸福与否，绝不依据他获得了或是丧失了什么，而只在于他自身感受如何。有的人，别人看他婚姻美满，可他自己却总觉得事业无成，谈不上幸福，徒增身在福中不知福的苦恼；有的人，别看他离幸福甚远，他自己却知足常乐，坦然面对着世事纷扰，也就能够时时与幸福邂逅。常常羡慕别人幸福的人，往往感觉不到自己的幸福。幸福钟情于能够感觉出幸福的人。人可以自然而然地学会感官的享乐，却无法本能地掌握幸福的韵律。因此要学会去感觉、去体会幸福。但人应该总是生活在希望之中的，旧的希望实现了或者泯灭了，新的希望的烈焰随之燃烧起来。

幸福是从有自知之明开始的。如果要说幸福是从比较中产生的话，一个人的幸福感是在和自己的比较中产生的，和他人是没有可比性的。那些生活中的无尽烦恼，从内心的深处开始剥离，我们看见了自己真正想要的东西，看见自己真正要走的路。我们在生命中享受健康、自由、亲情，包括工作和创造，疲倦与不满，让它灰飞烟灭，一切的困难都会过去。生活在变，而人性却未变，我们并不惧怕改变，因为改变是为了我们自身和所爱的人的幸福，但我们并不拿幸福来做交换。此时，我们或许才有一种生活的幸福感觉。

幸福是一个永恒的话题，我们每个人都在追求幸福；幸福就是一种感觉，不能比较，无法比较，也无须比较。它因人因事而异，没有具体的标准和答案。如果今天你觉得自己是幸福的，你就应该知足，就应该怀着期待的心情，迎接新的幸福，因为会创造幸福的人，能把生活变成幸福的磁场，让所有美好和快乐围绕在身旁。把节奏放慢，简化一下自己的生活，偶尔什么也不做，在大自然中放松自己，让逝去的感觉，像甘泉一样回到自己的心中。

实际上，每个人的眼睛决定着自己的幸福程度：当我们只看到自己所失去的东西时，就会陷入不幸的低谷；当我们看着已经拥有的东西时，就会处于幸福的高峰。有些人总是认为只要自己拥有了巨额钱财，一辈子就会幸福无比。但是，钱财如果使用不当，往往会成为罪恶的来源。其实，金钱就像流水一样，完全缺了它，人会渴死，但一味贪图它，则会被淹死。世界上的喜剧不需要金钱就能够产生，而世界上的悲剧则多半和金钱脱离不了关系。幸福不在于金钱的多少，而在于财富的拥有者能否自觉地节制欲望，不会过多地把注意力耗费在已有的金钱上。金钱只是追求幸福的手段，只有真正能够转换成幸福的财富，才有实在的意义。一个不懂得幸福真谛的人，总会抱怨自己什么都没有，什么都不顺，什么都不尽如人意。当他（她）在职位上，工作忙碌的时候，渴望像有些人那样自由自在；一旦他（她）不在职位上，无所事事的时候，又渴求和羡慕别人的充实与忙碌。其实，幸福的人并不比其他人拥有更多的快乐，只是因为他（她）明白自己所拥有的就是最想得到的东西而已。获得幸福的秘诀，并不在于为了追求快乐而全力以赴，而在于他（她）在全力以赴的过程中寻找到和感受到快乐。在人生的旅途上，最糟糕和最不幸的境遇，既不是贫困，也不是厄运，而是遭遇挫折之后灰心丧气或者怨天尤人，对自己彻底失望，失去重新站起来的勇气。我们日复一日、年复一年地写下自身的命运，正是我们的所作所为毫不留情地决定了自己的命运。每个人在现实生活中都会遭遇各种各样的挫折，面对挫折，我们的选择将决定自己的命运。厄运可以剥夺财富、健康和亲情，唯一不能剥夺的就是我们的智慧和恒心。现实生活就是这样冷酷无情，你悲观也好，乐意也罢，必须真实地面对它才行。但是有一天，当你蓦然回首的时候，会发现，那正是你的人生，而且陪伴你一路走过来的，不是金钱、容貌或者亲朋故友，而是你那颗坚强的、永不气馁的心。

　　平安地活着，无疑是幸福的。这平安包含了自由，包含了安全，包含了健康。而在这其中，自由无疑是最重要的。有平安，有知足，有感恩，有用心的体会，每天就会有无数幸福。我们应该在日常生活的平淡中，去感受人类生命中真真切切存在的幸福。

自己挠痒自己笑

　　幸福钟情于能感受到幸福的人。幸福是一种很美的情致，一种很美的意境，它无处不在，却很难把握在我们手中。幸福常常是朦胧的，很有节奏地向我们喷洒甘霖。只要你不把它看得太神秘，太伟大，它就会悄悄地走进你的小屋，走进你的心里。自尊是幸福的支架，乐观最能衍生幸福的细胞，豁达是幸福的开阔地，益友是幸福的喷泉，人缘好幸福也会自来，挑战性的工作和活动性的消遣，一张一弛，方有幸福的交替出现，集体意识是幸福的蓄水池。幸福就在你我的身边。

第二节　热情是幸福的动力

如果一个人并不热爱自己的工作，他只会按时、按刻、按计划去完成一项又一项的任务。这样的人最多只算是效率较高的工作机器。因为他并没有将自己的感情投入到工作当中，所以他缺少工作的动力，也就无法激起创造的热情与灵感，当然也不会尝到成功的喜悦。这样的人即使生活安定，衣食富足，也不会很幸福。他只是在一天天地消耗生命，等待生命的终结。

著名音乐家亨德尔在年幼时，家人不准他碰乐器，不让他去上学，哪怕是学习一个音符。但因为热情，他在半夜里悄悄跑到秘密的阁楼里去弹钢琴。莫扎特在孩提时，成天要做大量的苦工，但因为热情，一到晚上，他就会偷偷跑去教堂，聆听风琴演奏，将他全部身心都融化在音乐之中。

热情是由于一个人对某种事物的极大兴趣和爱好而形成的某种专注。热情是我们做好任何工作的关键。没有对工作的极大的热情、兴趣和专注，就很难做出大的成绩。对工作热情，就意味着对工作的全身心投入，这是一种非常崇高的境界。出于责任心和一些其他因素，有些人无法选择工作，但他们总是有机会选择自己的工作态度：对工作充满热情，让别人快乐，让自己快乐，活在当下。

激情可能带你走 1 千米、10 千米，但热情会让你一直走下去。

其实，激情和热情，是一种坦然面对生活的人生态度。有时，我们会经常抱怨生活如何让人感觉烦闷和枯燥，几乎每天都在重复。日复一日的重

自己挠痒自己笑

复,让我们耗尽了对生活的热情和激情,仿佛什么事情都无法让人提起精神来。久而久之,生活的潮水将我们淹没在平凡琐碎之中,而幸福和快乐,也像海市蜃楼一样,可望而不可即。人生有了激情和热情,就有了希望,生活才会有更多的乐趣和色彩。

小珊是一个非常不幸福的女人,在旁人看来,她真的是不幸福的,下岗,离婚,自己带着一个有病的孩子。她搞了一个小店,风里来雨里去,专门卖小食品。有人说,"多可怜的女人啊。"她却觉得自己是幸福的,至少她丢掉了一个破碎的婚姻,丈夫见一个爱一个,让她伤透了心,这样的男人,怎么还能要?离婚又如何?离婚的人难道就不应该好好地生活吗?下岗又如何?反正从前的单位也不怎么样,一个月3000元不够她和女儿吃饭、吃药,而这个食品店,因为物美价廉,很快让她做活了生意。见到她的人都说,"她好像比从前白了,胖了,而且脸上有了光泽。"还有人问,"是不是遇到一个好男人了?是不是有了新生活?"

她笑着说:"不,自己才是自己的新生活,别人能改变的只是你的一小部分,最终改变你的还得是自己。"

她哭过,死过,闹过,结果越来越惨;当她重新面对自己、面对生活时,她说,"除了坚强和微笑,我别无选择。"

小珊喜欢舞蹈,她跳芭蕾,带着她的小女儿也跳芭蕾。

当她和那帮中年女人一起跳芭蕾时,没有人相信,"那真的是一个离过婚又人到中年的下岗女人吗?"她的每个动作都认真投入,如果不是亲眼所见,没人相信她会跳。她不年轻了,腰有些臃肿,腿没有伸缩性,因为芭蕾是属于青春的,但那一刻让很多人激动。美不仅属于青春,它还属于那些对生活热爱和执着的人!

小珊对生活、对人生自信而乐观的美,带给人的除了感动还有震撼。这究竟是一个怎样的女人?在经历了人生的雨雪风霜之后,这样有条不紊、一丝不苟地过自己想要的生活，她如一株秋后的枫树，因霜降和秋风，因大自然的严寒而分外娇艳！

小珊经常邀请朋友一起去旅行，带着她的小女儿。她说，自己少女时就喜欢旅行，一直没有实现这个愿望，结婚后忙着争吵，哪有时间去享受闲情？后来才明白，那不是自己想要的人生，她应该有另一种活法。

一年之后，朋友们接到小珊的烫着大红喜字的请帖。结婚对象是一个她学开车时认识的男人。那个男人不但英俊，还是一个企业的副总，当然，最重要的是他才刚刚30岁，还没有结婚。他对朋友说，这样的女人，才是世界上一件最美丽的珍宝。

虽然别人都说他们太不般配，说她一定是用了什么样的手段才把这个男人搞到手，但知道的人都明白，她如那个男人所说，是一件最美丽的珍宝。

小珊的遭遇的确很糟糕，下岗，离婚，自己带着生病的孩子。对于一个女人而言，这些困难足以让许多人都沉浸在烦恼和痛苦之中，因为她要面对的不仅是心理的压力，还有物质上的压力，不论从哪个角度而言，小珊的生活根本就没有快乐和幸福可言。然而，她依旧生活得快乐、幸福。究其原因，面对生活中的困难，她之所以依旧能快乐幸福地生活，主要是因为她对生活充满着激情和热情。面对困难，她没有丝毫惧怕，没有因此而关闭自己通往快乐和幸福的大门，她以动人的姿态生活着。

生活中，难免会遇到不如意的事情，但只要我们面对那些不如意，依旧能够坦然面对，用热情和活力去迎接生活中的一切遭遇，不惧怕，不退缩，迎难而上，学会苦中作乐，让原本的不幸和痛苦变得云淡风轻，以一种积极、乐观的心态去面对生活，相信再大的苦难、再多的烦恼也会随风飘散。而生活，也会因此而多一份快乐和幸福。

我们要保持清醒的理智，切忌狂热和盲目的热情。热情也应该是单纯的，只有真正的热情，才能带来成功。出于贪婪或自私目的的热情，对于成功的帮助只是一瞬间的，而建立在这种热情上的成功也只会是昙花一现。

当然，一个人要想时常保持高度热情是不可能的。我们都有厌烦自己工作的时候，这时，就需要积极、有效地调整自己的心态，找出丧失热情的原因。在做一件事情之前，要确信自己愿意为它付出；要经常调整自己的心态，不要与消沉为伍；要树立自信，以积极、乐观的态度去对待学习和工作；要在工作中寻找乐趣，把工作作为一种乐趣，一种成就感的源泉。产生持久热情的方法之一，是制订一个目标，努力工作，去达成这个目标，在达成这个目标之后，再定出另一个目标，继续去努力完成。

我们应该为自己活着而感到幸福，也要珍惜这份拥有，更要懂得去把握自己的生活方向和节奏，让自己的生活充满活力和热情，永远都不要失去对生活的憧憬和希望。到那时，你会离幸福更近一步。

第三节　淡泊名利，宁静致远

诸葛亮《诫子书》中云："夫君子之行，静以修身，俭以养德。非淡泊无以明志，非宁静无以致远。夫学须静也，才须学也。非学无以广才，非志无以成学。"淡泊名利，就是要以平常之心，恬静寡欲，安贫乐道，知足常乐地把握人生和对待生活。"淡泊"，可视为名利之泽中的堤坝；"宁静""致远"，就是要保持心理平和，笃定志向，守住德行，洁身自好，诚信为人，公正用情施义；"宁静"，可视为情致远达的舟楫。

据说，清乾隆皇帝下江南时，来到江苏镇江的金山寺，看到山脚下大江东去，百舸争流，不禁兴致大发，他问当时的高僧法磐："你在这里住了几十年，长江中船只来来往往，这么繁华，一天到底要过多少条船啊？"法磐回答："只有两条船。"乾隆问："怎么会只有两条船呢？"法磐说："我只看到两条船。一条为名，一条为利，整条长江中，来往的无非就是这两条船。"一语道破天机。

司马迁在《史记》中说过："天下熙熙，皆为利来；天下攘攘，皆为利往。"除了利，世人心中最看重的就是名了。多少人辛苦奔波，名和利就是最基本的人生支点。利当然是社会发展最有效的润滑剂，但不可过于看重，不可过于为名利奔波不休。应正确对待名利，最好是"君子言利，取之有道；君子求名，名正言顺"。"君子所求名与利，正当之取，取之也然。小人所争名与利，利令智昏，卑鄙之手段，取之丧尽天良。"名利是无止境的，只有适可而止，才能知足常乐。如果整天为名利所累，则万事忧心，不得安宁。知足者能看透名利的本质，心中拿得起放得下，心境自然宽阔。

淡泊于名利，是做人的崇高境界。没有包容宇宙的胸襟，没有洞穿世俗的眼力，是万万做不到的。

庄子在《逍遥游》里讲到了这样一个"尧让天下于许由"的故事。

大家都知道，尧被中国古人认定为圣人之首，是天下明君贤主的代称。许由呢？是一个传说中的高人隐士。庄子写道：

尧很认真地对许由说："日月出矣，而爝火不息，其于光也，不亦难乎！时雨降矣，而犹浸灌，其于泽也，不亦劳乎！"当光明永恒的太阳、月亮都出现的时候，我们还打着火把，和日月比光明，不是太难了吗？及时的大雨落下来了，万物都已经受到甘霖的滋育，我们还挑水一点一点浇灌，对于禾苗来说，不是徒劳吗？

尧说："先生，看到你我就知道，我来治理天下就好像是火炬遇到了阳光，好像是一桶水遇到了天降甘霖一样，我是不称职的，所以我请求把天下让给你。"

许由淡淡地回答："名者，实之宾也，吾将为宾乎？"你治理天下已经治理得这么好了，那么，我还要天下干什么？我代替你，难道就图个名吗？名实相比，实是主人，而名是宾客，难道我就为了这个宾客而来吗？还是算了吧。

许由接着说了一个很经典的比喻："鹪鹩巢于深林，不过一枝；偃鼠饮河，不过满腹。"他说，一只小小的鸟在森林里面，即使有广袤的森林让它栖息，它能筑巢的也只有一根树枝；一只小小的田鼠在河边饮水，即使有一条汤汤大河让它畅饮，它顶多喝满了它的小肚子而已。

淡泊为大。许由这样的一种宁静致远的淡泊心智，可以连天下都辞让出去，就是一种博大的境界和情怀。

人生在世，最好的活法是淡泊名利。因为人要是出了名，就会招致嫉妒，受人白眼，遭到排挤，甚至有可能由此种下祸根。正如古语所说："木秀于林，风必摧之；堆出于岸，流必湍之；行高于人，众必非之。"而利字右边一把刀，既会伤害自己，也可能伤害别人，小利既伤和气又碍大利。如果认为个人利益就是一切，便会丧失生命中一切宝贵的东西。

伟大的作家托尔斯泰曾讲过这样一个故事：有一个人想得到一块土地。地主就对他说："清早，你从这里往外跑，跑一段就插根旗杆，只要你在太阳落山前赶回来，插上旗杆的地都归你。"那人就不要命地跑，太阳偏西了还不知足。太阳落山前，他是跑回来了，但人已精疲力竭，摔了个跟头，再也没起来。于是有人挖了个坑，把他就地埋了。牧师在给这个人做祈祷的时候说："一个人要多少土地呢？就这么大。"人之所以沮丧，都是因为你得不到想要的东西。其实，我们辛辛苦苦地奔波劳碌，最终的结局不都只剩下埋葬我们身体的那点土地吗？伊索说得好："许多人想得到更多的东西，却把现在拥有的也失去了。"这可以说是对得不偿失的最好诠释了。

想一想，人生有涯，一个人一辈子能吃多少饭呢？能占多大的土地呢？人往床上一躺，你睡觉的地方也就这么大，不管你住的是300平方米的豪宅，还是1000平方米的别墅，你实际需要的空间跟别人都一样。

古往今来，众多的学问家都是淡泊名利的佼佼者。他们常常对个人名利采取漠然冷淡和不屑一顾的态度，而把主要精力放在对理想、事业的追求上。

伟大的科学家居里夫人，一生获得各种奖金10次，各种奖章16枚，各种名誉头衔107个，但她却全不在意。她专心研究，终于第二次荣获了诺贝尔奖。有一天，她的一位朋友来她家做客，看见其小女儿正在玩英国皇家学会刚刚颁发给她的一枚金质奖章，大惊道："居里夫人，得到一枚英国皇家学会的奖章，是极高的荣誉，你怎么能给孩子玩呢？"居里夫人笑了笑，说：

自己挠痒自己笑

"我是想让孩子从小就知道,荣誉就像玩具,只能玩玩而已,绝不能看得太重,否则将一事无成。"居里夫人对待荣誉这种态度,成为后人学习的楷模。

莱特兄弟,即威尔伯·莱特和奥维尔·莱特,是美国发明家。1903年,他们成功地完成首次飞行试验后,兄弟两人名扬全球。虽然成为世界知名人物,然而他们完全没把声名放在心上,只是默默地工作,不写自传,不参加无意义的宴会,也从不接待新闻记者。一次,一位记者要求哥哥威尔伯发表讲话,威尔伯回答说:"先生,你知道吗,鹦鹉喜欢叫得呱呱响,但是它却怎么也飞不高。"还有一次是弟弟奥维尔的故事。奥维尔和姐姐一起用餐,吃到一半,奥维尔顺手从口袋里摸出一条红丝带擦嘴,姐姐看见了,问他:"哪儿来的手帕,这么漂亮?"奥维尔毫不在意地说:"哦,这是法国政府颁发给我的荣誉奖章,刚刚嘴巴沾油没手帕用,我就拿来擦嘴了。"

钱钟书先生学贯中西,著有《谈艺录》《管锥编》《围城》《宋诗选注》等巨著,享有"博学鸿儒""文化昆仑"之美誉。电视剧《围城》热播后,钱钟书的新作、旧著,被争先恐后地推向市场。面对这种火爆情形,钱钟书始终保持静默。对所谓的"钱学"热,他认为"吹捧多于研究""由于吹捧,人物可成厌物"。有人用钱引诱他接受采访,他却说:"我都姓了一辈子钱了,难道还迷信钱吗?"一著名洋记者慕名想见他,他回话说:"假如你吃了一个鸡蛋觉得还不错,又何必要去认识那只下蛋的母鸡呢?"他把《写在人生边上》一书重印的稿费全部捐献给了中国社会科学院文学研究所;把电视剧《围城》的稿费全捐给了国家;国外有许多地方要重金聘他,皆被婉言拒绝。他对一位年轻人说:"名利、地位都不要去追逐,年轻人需要的是充实思想。"钱钟书惜时如金,甘于寂寞,淡泊自守,不求闻达,视名利如浮云,充分表现了一个知识分子高尚的精神品格。

其实,人人都有欲望,都想过美满幸福的生活,都希望丰衣足食。这是人之常情。但是，如果把这种欲望变成不正当的欲求，变成无止境的贪婪，那我们无形之中就成了欲望的奴隶。在欲望的支配下，我们不得不为了权力，为了地位，为了金钱而削尖了脑袋往上钻。我们常常感到非常累，而且仍觉得不满足，因为在我们看来，很多人比自己的生活更富足，很多人的权力比自己的大。所以我们别无选择，只能硬着头皮往前冲，在无奈中透支体力、精力与生命。扪心自问，这样的生活，能不累吗？被欲望沉沉地压着，能不精疲力竭吗？静下心来想一想，有什么目标真的让我们非实现不可？又有什么东西值得我们用宝贵的生命去换取？我们要斩除过多的欲望，将一切欲望减少再减少，从而让真实的欲求浮现。这样，你才会发现，真实、平淡的生活才是最快乐的。拥有这种超然的心境，你做起事来就能不慌不忙，不躁不乱，井然有序。面对外界的各种变化不惊不惧，不愠不怒，不暴不躁。而对物质的引诱，心不动，手不痒。没有小肚鸡肠带来的烦恼，没有功名利禄的拖累。活得轻松，过得自在。白天知足常乐，夜里睡觉安宁，走路感觉踏实，蓦然回首，没有遗憾。

淡泊于名利，是做人的崇高境界。没有包容宇宙的胸襟，没有洞穿世俗的眼力，是万难做到的。淡泊并不是力不能及的无奈，也不是心满意足的自赏，更不是碌碌无为的哀叹，淡泊就是超脱世俗的诱惑和困扰，实实在在地对待一切，豁达客观地看待一切生活。

"采菊东篱下，悠然见南山"。陶渊明算得上是个淡泊者。《论语·雍也》中，孔子评价颜回道："一箪食，一瓢饮，在陋巷，人不堪其忧，回也不改其乐。"凭这份淡泊，颜回成了千古安贫乐道的典范。

淡泊是一份豁达的心态，是一份明悟的觉然。"行到水穷处，坐看云起时"，是一种淡泊；"古今多少事，都付笑谈中"，更是一份淡泊。没有极大的勇气、决心和毅力，是做不到的。

自己挠痒自己笑

人生一世,草木一秋。名和利,都是过眼烟云,是身外之物,生不带来,死不带去。一生为名利所累,实在是本末倒置。

"淡泊"是道家思想学说,"恬淡为上,胜而不美"。后世一直继承赞赏这种"心神恬适"的意境。白居易在《问秋光》一诗中,"身心转恬泰,烟景弥淡泊",反映了作者心无杂念,凝神安适,不限于眼前得失的那种长远而宽宏博大的胸怀。

当你每天下班回到家中,一边饮啜着爱人刚刚沏好的热茶,一边听厨房里传来油爆葱花的响声,扑鼻的香味勾起了你的食欲和浅浅的酒兴,这时的你,是否感觉到了生活的温馨和岁月的恬静?

芝兰生于幽谷,不因无人问津而不芳,这是一种淡泊的宁静;梅花开于墙隅,不因阳光不照而不香,这是一种自信的宁静;流水绕石而过,不因山石之阻而纷争,这是一种谦让的宁静;无花之树结果,不妒姹紫嫣红而孕育,这是一种朴素的宁静。

淡泊是一种境界。浑浑噩噩、不思进取的人是无法"淡泊"的,他们眼中的淡泊不过是一种"平淡"和"玩世不恭"。

淡泊也是一种胸怀。锱铢必较、气量狭小的人是无法"淡泊"的——利己思想太重的人,怎能奢谈淡泊?

淡泊更是一种信仰。公而忘私的人甘于淡泊,敬业奉献的人懂得淡泊,节操高洁的人向往淡泊。研制"两弹一星"的科学家们不正是为了祖国的科技和国防事业而淡泊名利,默默奉献的吗?然而也有一些人,虽然曾经为革命事业出生入死,功勋显著,但在个人荣辱得失面前,却斤斤计较,患得患失。为了追名逐利,他们放弃信仰和人格尊严,置党纪国法于不顾,胆大妄为,铤而走险,以身试法,最终落了个身败名裂的下场。成克杰、胡长清之流的毁灭,就是典型的反面教材,这样的教训何等惨痛!

古人云:"宠辱不惊,闲看庭前花开花落;去留无意,漫随天外云卷云舒。"然而,在竞争日益激烈、诱惑日趋纷繁的社会里,固守节操、淡泊名利并非易事,只有树立远大的理想和人生追求、乐于奉献的人,才可能经受住各种诱惑的考验,始终不渝地坚守自己的道德准则和理想信念,不重名利,不计得失,以淡泊的情怀书写出高尚的人生。

自己挠痒自己笑

第四节 简单即幸福

什么是幸福？幸福是何物？人人追求幸福，渴望得到幸福。幸福总是忽隐忽现，让人捉摸不定，来不可知，去不可留，让人难以把握那迷离的神光。其实，很多人并不知道自己有多幸福，所以世间有很多人是身在福中不知福。

春节前的一次同学聚会。酒过三巡，菜过五味，大家滔滔不绝，话从胸中来。同学刘威感慨万分，唉声叹气地说，命运对他太不公平了，评职称一步之差，调工资又是一步之差，一步赶不上，步步赶不上。他为职位低、工资少而满腹怨言，抱怨自己太不幸。同学们七嘴八舌地劝他说，刘威你知足吧，你虽然工资少，可你身体健康，家庭幸福美满，小日子过得比蜜还甜。你看看咱同学张亮，虽然生意兴隆，腰缠万贯，可一身疾病，整日苦不堪言。你虽没钱却有健康，你知道吗？健康的乞丐胜过奄奄一息的富翁，老天待你不薄，人要懂得知足常乐啊！

是啊，生命只有一次，健康没了就什么都没了。

从前有个渔夫，他每天下一次海，每次总是撒下一网，无论捕捞到多少鱼，他从来不撒第二网。有人问他："为何不多撒几网？"他答道："我为什么要多撒几网呢？"那人说："多撒几网，就可以捕捞到更多的鱼。"渔夫说："捕捞到更多的鱼又能怎样？"那人说："捕捞到更多的鱼，就可以换更多的钱。"渔夫说："有了更多的钱，又能怎样？"那人说："那就可以幸福、快乐地生活了。"渔夫说:"我每天撒下一网,已足够一家人衣食无忧了。闲暇时,我可以和家人共享天伦之乐,也可以躺在沙滩上晒太阳,我觉得我已经很幸福了,又何必要捕捞那么多鱼呢?"

这个富有哲理的故事告诉我们:生活得幸福与否,和财富的多少并不成正比。简单的生活常常孕育着幸福。

追求幸福是人之常情,人的一生可以说都在苦苦地寻觅幸福。但许多人寻来觅去,结果却找来无穷的烦恼。他们不明白这究竟是什么道理。原来,不少人将自己的幸福定位在事业成功、拥有财富上,认为只要事业成功,只要有钱,就能获得幸福,甚至把幸福量化为"两套住房、一部汽车、漂亮老婆(有钱老公)",等等。于是,他们从一踏上工作岗位开始便努力奋斗,争取事业的辉煌,当上了科长想当处长,当上了处长又想向局长的位置挺进……永远没有尽头;对财富的追求更是没有满足的时候,有了彩电、冰箱、电脑、手机,还希望有汽车、别墅……虽说他们的物质生活丰富了,但精神却日益空虚,心理上承受着巨大的压力。

幸福其实很简单,并不见得需要辉煌的事业和过多的财富。美国作家丽莎·普兰特说:"幸福来源于简单生活。简单其实是一种全新的生活哲学,当你用一种新的视野观察生活、对待生活时,你就会发现,简单的东西才是最美的。"人生在世,所求无多,弱水三千,只饮一瓢;广厦千间,夜宿八尺。茅屋草舍无妨我襟怀,布衣百姓不碍我高洁。人们一旦为物质、金钱、名誉、地位、美色所累,就不会感受到幸福。人生活得越简单,就会活得越真实、轻松、自由、潇洒,就越会感受到无穷的幸福。

人和人不一样,追求的幸福当然也不一样。做员工的,希望年年涨工资,在城市中能买套房;当老板的,指望天天有财发,开宝马,坐奔驰;当官的,期望步步高升,前呼后拥。一个人不同年龄段的幸福观也不一样。童年时,我们最大的幸福是能吃到好东西;少年时,最大的幸福是不用念书,玩得开心；青年时，最大的幸福是得到异性的爱；工作后，最大的幸福是快升职，多挣钱；中年时，最大的幸福是功成名就，他人仰慕；退休时，最大的幸福是天伦之乐；老年时，最大的幸福是健康长寿。

而当你失眠时，你只想每天一觉到天明；当你失去健康时，你只想每天能拥有生命；当你想清楚某些留恋的人和事只能成为过去时，你只想安安静静地珍惜眼前人，享受在一起的每一刻，彼此间少些争吵，多点宽容，少些隔阂，多点交流，少些冷淡，多份温暖。

我们每个人时时都在追求着幸福，幸福也在不断变化。其实，幸福就在我们简简单单的生活里，幸福是一种感觉，是存在于我们心中的一种境界。正因为幸福是一种心理感受，所以，每个人幸福与否，应该完全用他自己的标准来衡量。有人苦苦寻觅，苦苦追求，可不知幸福就在自己眼前。快乐的人用微笑的脸想开心的事，并把这种灿烂传染给他人；忧伤的人，遇事多虑，拿不起，放不下，常常没事找事，自寻烦恼。其实，简单就是幸福，就像猫吃鱼、狗吃肉、奥特曼打小怪兽。平时，我们凡事多往后退一步，多说一分感谢，多怀一分感恩，就会时刻感悟幸福。只有懂得珍惜，懂得知足，才会拥有幸福！平平淡淡才是生活的真谛！人生有时只需要这样简单地活着，简单即幸福。

人其实活得挺累的！孩子忧心学习，大人忙于工作，而老人为儿孙担心。每天，人们无时无刻不在忙碌着，即使是睡觉，有时也不得安宁。

人为什么而活着？这个问题有太多答案了。其实，人只要为了活着而活着就行了。那些所谓的目标、理想，本就是虚空的。但是人生少不了这些虚空的东西。臧克家说过："人生永远追逐着幻光，但谁把幻光看作幻光，谁便沉入了无底的苦海！"人无志而不立，是日子，总得有个奔头儿。或许实现了那些所谓的目标或理想，就能得到一直在追求的"幸福"了吧。每个人，从出生开始，便开始了追求幸福的漫长旅程。每个人最纯粹的童年只有那么几年的光阴，现在的孩子，几岁大而已，便在父母的"关爱"下，报了这个班，那个班，试问：这些孩子真的幸福吗？实现幸福的道路着实不易：小学升初中、中考、高考、就业……这条已经十分拥挤但又必须要走的成长之路，其实是十分简单的。我们总是把它复杂化了，原本简单的路，人们却穿了太多奇怪的"鞋"，这个社会也设了太多的"路障"。

　　每个人都在追求"幸福"，每个人的际遇都不同，其过程看似复杂，实则简单。有人花费一生成就人生，其动力或许是儿时一句平凡的话语。所以，当我看到荣登殿堂、光辉无限的伟人或是日出而作、日落而息的农夫时，感觉都是一样的：他们一样幸福，因为他们活得纯粹，活得简单。

第五节　助人即自助

当你身处困境而又发现有人与你一样需要帮助时,你是该选择助人还是自助呢?这的确是一个现实而残酷的问题。人的一生总会遇到无数次的抉择,该怎么抉择呢?

有这样几则小故事:

有位盲人与瘫子相遇后,盲人背着瘫子走路,瘫子为盲人指路,他们相互帮助,各得其所。有人也许会说,他们当然会选择助人了,因为此时助人即自助。这个道理是十分明显的。然而,生活中许多抉择并不如此简单。

一个人迷失在雪山里。这时,他发现了一个昏迷不醒的人,于是他背起了那个人,并在那个人的帮助下走出了雪山。

在一场激烈的战斗中,上尉忽然发现一架敌机向阵地俯冲下来。照常理,发现敌机俯冲时,要毫不犹豫地卧倒。可上尉并没有立刻卧倒,他发现离他四五米远的地方有一个小战士还站着。他顾不上多想,一个鱼跃飞身将小战士紧紧地压在了身下,此时一声巨响,飞溅起来的泥土纷纷落在他们的身上。上尉拍拍身上的尘土,抬头一看,顿时惊呆了:刚才自己所处的那个位置被炸了两个大坑。

故事的结果当然是皆大欢喜的。但如果那个迷失在雪山里的人只顾自己,结果两个人都死在了雪山上,不知大家又会做何感想呢?那个人在救他人之时,自然不会预见到最后的结局,他靠的只是心灵的选择。如果那个上尉不救小战士，自己也肯定会被炸飞，他在帮助别人的同时也帮助了自己。实际上，许多人现在之所以自私，就是因为太过注重结局，而忽略了心灵的呼唤。如果知道了好人定有好报，知道了助人等于自助，谁不会去做好人，去帮助他人呢？我们是不是都知道，在前进的路上，搬开别人脚下的绊脚石，有时恰恰是为自己铺路？

然而，我们实际上却往往在掂量着盈亏的砝码，来衡量心灵的天平。最后才发现，天道常变，人算不如天算，抱怨自己当初为何没对人施以援助之手。在我们的人生大道上，肯定会遇到许多为难的事。

有些人认为助人只是一场赌博，这是完全错误的。鲁肃在接济周瑜粮食时，怎会料到有朝一日，他会变成东吴的大都督呢？漂母在给韩信一碗饭时，怎会知道他日后会成为大将军呢？鲍叔牙在帮助管仲之时，恐怕也没想过什么回报吧？他们帮助那些他们认为应当帮助的人，完全是出于内心的呼唤，是人性的闪光，得到的善报却是意料之外，情理之中的。贝多芬称，自己除了有一颗仁慈的心之外，没有什么不平常之处。是啊，一个伟大的人，不在于他是否靠思想或力量而称雄，而在于他是否有一个高尚的人格、一颗传递仁慈的心，而助人为乐便是他最直接的表现。

助人，是道德的种子，是充满人情味的社会温情，是对他人的同情、注意和给予，是人的德性、良知和教养的体现，是社会稳定的人性基础。齐国为什么会遭遇沦丧的厄运？是因为"与嬴而不助五国也"。为什么越来越多的失学儿童能重返校园？是因为有许多人伸出温暖之手帮助他们。没有汉中三杰，哪来刘邦称帝？没有吴蜀联盟，何来三分天下？没有多国合作，哪来基因工程的开展？没有华夏子孙的通力合作，哪来抗"非典"的胜利？可见，"只要人人都献出一点爱，世界将变成美好的人间"。因此，助人者善！

当然，在强调助人的同时，我们也不忽视自助。得到太多成功的人大多会失掉谨慎，得到太多溺爱的人大多会自满浮躁，得到太多平静的人大多会失掉戒心；同样，得到别人太多帮助的人会失去自主。印度诗人泰戈尔曾说过："你知道，你爱惜，花儿努力地开；你不识，你厌恶，花儿努力地开。"不管人对花的态度如何，花儿都会努力开放。难道得不到人的喜爱和欣赏，花儿就得顾影自怜，就要放弃最初的理想吗？当然不是。其实，花儿就是人的缩影。无论是处于顺境还是逆境，学会了自助，我们就可以像花儿一样绽放美丽。助人与自助是当今社会对人们以及人们对自身基本要求的浓缩。助人的同时自助，自助也会助人。

两个在森林里迷路多天的年轻人，碰上一位中暑的老人，在是否要搭救老人的问题上，两人产生了冲突。最后，两人平分仅剩的一壶水，分道扬镳了。搭救老人的那个人，最终被老人带出了森林，因为那老人是守林人，正是那半壶水救了两个人的命。而那个自私的人最终却没走出森林来。这个故事告诉我们：帮助他人的同时，往往也在不知不觉当中帮助了自己。

真诚助人者本身必将得助，此乃生命中最动人的回报。从做学问上说，世上没有人满腹经纶到不需要他人帮助的境界，也没有人才疏学浅到对他人毫无益处的悲惨境地。能够要求帮助且慷慨地给予，乃是人的天性。

美国南部有个很大方的农民，他把自己辛苦研制出的优良南瓜品种种子分文不取地分发给他的邻居们。邻居们都很诧异，暗地里嘲笑他是个大傻瓜。其实，他的邻居不知道，如果他不把优良的南瓜品种种子分给邻居，蜜蜂就会把邻居家差的花粉传到他的南瓜地里，这样一来，南瓜还有优良与普通之分吗？可见，他不但不傻，而且很聪明。这样利人利己的事，何乐而不为呢？助人，让我们得到关爱；自助，让我们学会坚强。

"捧着一颗心来，不带半根草去。"陶行知先生为我们把助人为乐的奉献精神做了最好的诠释；"天行健，君子以自强不息。"清华大学把培养学生的自主意识列入了校训，并以之为鞭，鞭策了无数的清华学子自强不息、奋斗不息。助人为乐与自助自强是我们的左手和右手，明智的我们应当两手都要抓，两手都要硬。

奉献与索取是矛与盾，一心索取的人，贪欲永远得不到满足。况且，没有别人的奉献，自己又能索取什么？奉献是无偿的付出，是"有一分热，发一分光"，是"我为人人"。奉献的是青春，是汗水，是热情，甚至是无价的生命。因为奉献，社会才繁荣昌盛，历史才奔腾前进。

"俯首甘为孺子牛"的鲁迅，情愿化作蜡烛；法拉第，以及许许多多像居里夫人一样愿做春蚕的人，默默无闻地为社会奉献出自己的一丝一线。正是他们"先天下之忧而忧，后天下之乐而乐"的无私的奉献，才推动了人类社会不断向前发展。主权国家不能没有疆界，然而，助人为乐的奉献精神是没有界限的。为了医治更多深受苦难的百姓，神医华佗宁死也不做曹操的私人医生，不愿因此失去救助更多苦难百姓的机会，他用宝贵的生命诠释的奉献的博大精神永远激励着后人；而远渡重洋毅然抗日的白求恩大夫，更是把博大演绎到极致。一个有助人为乐的奉献精神的人，是可嘉可敬的。然而，若一个人连自己都养不起，谈何助人？所以，独立自主，自助自强，不容置疑。一个人不可能永远只做孩子，也没有哪一个人永远站在别人的屋檐下。离开父母的港湾，只身踏上事业的征程，生活的旅途是一张没有退路、不加保险的单程车票，在波涛汹涌的大海里航行，悲壮多于温情，险阻多于顺达。没有自主意识，没有自主能力，随波逐流，任其漂泊，最终被浪涛淹没，犹如孤弱的南唐后主李煜，被浩浩荡荡的北宋蹂躏于铁蹄之下。一人如此，一国同样如此。在对外开放，为世界做出应有的贡献的同时，同样不可缺少独立自主、自力更生的能力。自立绝不乞求，绝不到处伸手。自立并不等于一味地排斥外援，而是互相帮助下的独立自强。而助人奉献也不意味着否定个人的正当需求，而是自助基础上的一种强强联合。

其实，生活就像是一栋大厦，每个人都是其中的一块基石，在别人落难时不伸出援手，就好像地基少了一块基石。客观地讲，一个人要是脱离了社会，不助人也不受助，那这个人便会在这种真空中迅速消亡。唯有让越来越多的人懂得助人与自助的关系，共同来承担生活大厦的重量，社会进步的脚步才能越来越稳，前进的速度才能越来越快，从而让个人与社会在和谐中共同向更高的层次迈进。

助人与自助是一种人际关系，是他人与自己心灵相互关照的体现。人本主义心理学家罗杰斯从人本主义出发，认为良好的人际关系有三个原理：倾听、真诚、给予爱和接受爱。这其中，给予爱和接受爱，所表明的内涵是：一个人能真正关心和喜爱他人，自己同样会感到生活的充实、幸福。从这个角度出发，如果人人都努力营造一种和谐的、适合人类健康发展的氛围，人们自身的潜能就可以得到发展和完善，于人、于己、于社会大有裨益。

无论什么形式的助人行为，都可以丰富助人者自己内心情感的体验，也可以说是助人中的自助。我们在帮助别人的时候，不同程度地满足了个人表达的愿望，同时内心会体验一种喜悦和快乐；在帮助别人解除困惑、放松精神的时候，自己的精神境界会得到升华，心灵得到充实。一个人如果在社会实践中不断地与他人亲近，他的性格、品德、情感就会因他的行为而变得完整、高尚。这就是助人与自助最大的意义。每个人都应该懂得，人生在世，不可能春风得意，事事顺心。面对挫折能够虚怀若谷，大智若愚，保持一种恬淡平和的心境，是彻悟人生的大度。一个人要想保持健康的心境，就需要升华精神，修炼道德，积蓄能量，风趣乐观。正如马克思所言："一种美好的心情，比十副良药更能解除生理上的疲惫和痛楚。"

第六节　培养受益一生的好习惯

我们为什么需要培养受益一生的好习惯呢？

当人们一味地追求快速成功感，渴望拥有巨大财富时，往往会忽略好习惯才是开启成功的钥匙，才会拥有财富，不管是有形的还是无形的。好习惯一旦形成，它就将进一步固定下来。世界著名心理学家威廉·詹姆斯这么说："播下一个行动，收获一种习惯；播下一种习惯，收获一种性格；播下一种性格，收获一种命运。"可见，好的习惯是十分重要的，它可以让人的一生发生重大变化。拥有好习惯的人，才能实现自己的远大目标。

凯恩斯说："有什么样的习惯，就有什么样的态度，有什么样的行为，就有什么样的结果。"不错，在凯恩斯眼中，良好的习惯将会决定我们的性格，甚至会影响我们的命运。贾谊的《治安策》中有言："少成若天性，习惯如自然。"强调了好习惯对一个人成长的重要性。中国著名教育家叶圣陶的名言："教育是什么？就单方面讲，只需一句话，就是要养成良好的习惯。"不但强调了养成良好习惯的重要性，更是明白地讲出了教育的真谛。法国学者培根曾经说过："习惯是人生的主宰，人们应该努力地追求好习惯。"美国杰出的企业家、作家和演说家奥格·曼狄诺曾说过："事实上，成功与失败的最大分别，来自不同的习惯。好习惯是开启成功的钥匙，坏习惯则是一扇向失败敞开的门。"

可见，良好习惯的养成，是何等的重要。好习惯形成，一辈子受用；反

自己挠痒自己笑

之,哪怕有一点点坏习惯,也可能会影响一辈子,要么会遭受折磨,要么会受到牵累。习惯的力量是惊人的。习惯能载着你走向成功,也能驮着你滑向失败。如何选择,完全取决于你自己。

说起好习惯,我们的鲁迅先生,是爱惜时间的典范。他一生撰写和翻译了3640万字的著作,平均每天写2000字,为我国的文化宝库,留下了极其丰富的文学遗产。这么高产,恐怕换成别人难以达到。他之所以这样,就是因为他养成了良好的写作习惯,把写作当作是一种乐趣。

清代名臣曾国藩,一生勤奋,常以"勤""恒"两字来激励自己。他教育后辈,"百种弊病,皆从懒生。懒则弛缓,弛缓则治人不严,而趣功不敏。一处迟则百处懈矣。"尽管国事军务繁忙,他也能抓住一切学习的机会。持之以恒,博求约守,不拘门户,久而久之,就成了一种良好的习惯。所以他以博闻强识,学富五车著称,成为清代以文人身份而封武侯的第一人。他在死的前一天还手不释卷。

良好的习惯,是为人、做事成功的基础。良好的生活习惯有利于身心健康,有利于培养高雅的心灵品格和严谨的生活作风,不但能使自己在人际交往中更加自在、得体、大方,更加自信、如鱼得水,有一个良好的身心感觉,朝气蓬勃;同时,严谨的生活作风能养成严谨的思维习惯,使自己在处理事业和人生重大问题时不至于因粗心散漫而犯大错。但也有这种说法:"江山易改,禀性难移。"

"差不多"先生的故事可谓家喻户晓。没能赶上吃饭,他就对自己说:"吃饭和不吃饭差不多。"没赶上火车,他对自己说:"坐火车和走路也差不多。"在咽气的那一刻,他对周围的人说:"活着和死了不也是差不多吗?"都死到临头了,他还是坚持他一生的理念,就是"差不多"。

有这样一个寓言故事:

一位没有继承人的富豪死后将自己的一大笔遗产赠送给一位远房的亲

戚。这位亲戚是一个常年靠乞讨为生的乞丐。这名接受遗产的乞丐立即身价一变,成了百万富翁。新闻记者便来采访这名幸运的乞丐:"继承了遗产之后,你想做的第一件事是什么?"乞丐回答说:"我要买一只好一点的碗和一根结实的木棍,这样,我以后出去讨饭就能方便一些。"

可见,习惯对我们有着多么大的影响,因为它是一贯的,在不知不觉中,经年累月地影响着我们的行为,影响着我们的效率,左右着我们的成败。一些坏习惯如鬼魅般缠绕着我们,影响着我们的生活,影响着我们的成功。成功和失败,都源于我们所养成的习惯。

那么如何养成良好的习惯呢?

有一位禅师,带领弟子们来到一片草地上。他向弟子们提了一个问题,"怎样才能除掉草地上的杂草?"弟子们想了各种办法,拔、铲、挖,等等。但禅师说,"这都不是最佳办法。"因为"野火烧不尽,春风吹又生"。什么才是最好的办法呢?禅师说:"明年你们就知道了。"

到了第二年,弟子们再回来,发现这片草地长出了成片的粮食,再也看不见原来的杂草。弟子们才明白,最好的办法原来是在草地上种粮食。

我们可以从禅师那里领悟到:好习惯多了,坏习惯自然就少了。习惯的养成,并非一朝一夕之事。"滴水穿石"的道理大家都懂,要坚持任何困难都不是困难;而要想改正某种不良习惯,也常常需要一段时间。

根据行为心理学的研究结果,有关专家研究发现:3周以上的重复动作会形成习惯;3个月以上的重复动作会形成稳定的习惯,即同一个动作,重复3周就会变成习惯性动作,重复3个月就会形成稳定的习惯。

一个人一天的行为中,大约只有5%是属于非习惯性的,而剩下的95%的行为都是习惯性的。即便是打破常规的创新,最终可以演变成为习惯性的创新。

好的生活习惯就是从点点滴滴的生活小事做起,严格要求自己,努力加强自我身心修养。

那么，我们一般要养成什么样的好习惯呢？

1. 守时。

谁都喜欢守时的人。不守时将成为你工作和事业上的绊脚石，比如上班迟到，开会迟到，约会迟到。即便是领导讲话，原来规定了十分钟那就十分钟，不要超过太多，以免引起下属和同僚的反感。心中要有一个"闹钟"，在心中真正灵活、实用地掌握时间。

2. 自制。

任何一个成功者都有着非凡的自制力。

三国时期，蜀相诸葛亮亲自率领蜀国大军北伐曹魏，魏国大将司马懿采取了闭城休战、不予理睬的态度对付诸葛亮。他认为，蜀军远道来袭，后援补给必定不足，只要拖延时日，消耗蜀军的实力，一定能抓住良机，战胜敌人。诸葛亮用激将法，派人给司马懿送去一件女人衣裳，并羞辱他说如果不敢出来交战就穿上这件女人的衣服，但并没有使老谋深算的司马懿改变主意。司马懿耐心等待着。

相持了数月，诸葛亮不幸病逝军中，蜀军群龙无首，悄悄退兵，司马懿不战而胜。如果司马懿不能忍一时之气，出城应战，那么或许历史将会改写。

控制不住情绪的人，往往伤人又伤己。现代社会，人们面临的诱惑越来越多，如果人们缺乏自制力，那么就会被诱惑牵着鼻子走，偏离成功的轨道。

3. 享受孤独。

每个人都有孤独的时候。要学会享受孤独。人到了一个陌生的环境，面对形形色色的人和事，往往会一下子不知所措起来。这时，千万别浮躁，学会静心，学会享受孤独。在孤独中思考，在思考中成熟，在成熟中升华。不要因寂寞而乱了方寸，而去做无聊、无益的事情，白白浪费了宝贵的时间。

4. 坚强。

不要总是怨天尤人，没有苦中苦，哪来甜中甜？不要像玻璃那样脆弱，而应像水晶一样透明，太阳一样辉煌，腊梅一样坚强。既然要睁开眼睛享受风的清凉，就不要埋怨风中细小的沙粒。

5. 管住自己的嘴。

祸从口出，不要议论别人。议论别人往往容易陷入鸡毛蒜皮的是非口舌中。每天下班后和那些同事、朋友喝酒、聊天可不是件好事，因为，这中间往往会把同事、朋友当作话题对象。背后议论人总是不好的，尤其是议论别人的短处，这些会降低你的人格。你在背后说人坏话，别人会不会背着你说你的坏话呢？

6. 主动与人沟通。

交了新朋友，别忘了老朋友，朋友多了路好走。交际的一大诀窍就是主动。好的人缘，好的口碑，往往助你的事业更上一层台阶。晚上有空，盘点下你有多少个朋友，多久没有联系，QQ也好，微信也罢，三言两语，道一句问候。最好拿起电话来，给你的朋友打过去，也会给你带来意想不到的收获。

7. 有计划地锻炼身体。

身体是革命的本钱，健康成就自己。要善待自己的身体，而不要随意糟蹋自己的身体。要有生命第一、健康第一的意识。要把锻炼当作一种乐趣，养成锻炼的习惯。即使学习、工作再忙，也要每周坚持锻炼两次，以保证有足够的精力去学习和工作。锻炼身体，就像努力争取成功一样，贵在坚持。

8. 谦虚。

谦虚使人进步，一个人没有理由不谦虚。相对于人类的知识来讲，任何博学者都是沧海一粟那样渺小。

著名科学家法拉第，在晚年时期，国家准备授予他爵位，以表彰他在物理、化学方面的杰出贡献,但被他拒绝了。法拉第退休之后,仍然常去实验室做一些杂事。一天,一位年轻人来实验室做实验。他对正在扫地的法拉第说道:"干这活儿,他们给你的钱一定不少吧?"老人笑笑,说道:"再多一点儿,我也用得着呀。""那你叫什么名字,老头?""迈克尔·法拉第。"老人淡淡地回答道。年轻人惊呼起来:"哦,天哪!您就是伟大的法拉第先生!""不,"法拉第纠正说,"我是平凡的法拉第。"

谦虚不仅是一种美德,更是一种人生的智慧,是一种通过贬低自己来保护自己的计谋。

9. 幽默。

人们需要幽默感,就像女人需要一张漂亮的脸蛋一样重要。

美国第 16 任总统林肯,长相丑陋,但他从不忌讳这一点,相反,他常常诙谐地拿自己的长相开玩笑。在竞选总统时,他的对手攻击他两面三刀,搞阴谋诡计。林肯听了,指着自己的脸说:"让公众来评判吧。如果我还有另一张脸的话,我会用现在这一张吗?"

还有一次,一个反对林肯的议员走到林肯跟前挖苦地问:"听说总统您是一位成功的自我设计者?""不错,先生。"林肯点点头说,"不过我不明白,一个成功的设计者,怎么会把自己设计成这副模样?"林肯就是用这种幽默的方法,多次成功地化解了可能出现的尴尬和难堪场面。

没有幽默感的人不一定就差,但有幽默感的人一定是个优秀的人。

10. 微笑。

学会微笑,微笑是大度、从容的表现,也是交往的通行证。

举世闻名的希尔顿大酒店,其创建人希尔顿在创业之初,经过多年探索,最终发现了一条简单易行、不花本钱的经营秘诀——微笑。从此,他要求所有员工:无论饭店本身遭遇什么困难,希尔顿饭店服务员脸上的微笑永远是属于顾客的阳光。这束"阳光"最终使希尔顿饭店赢得了全世界的一致好评。

学会微笑，无疑是克服自卑的一条捷径。大部分人都知道笑能给人自信，它是医治信心不足的良药。但是仍有许多人不相信这一套，因为他们在处于消极状态中时，从不试着笑一下。其实，真正的笑不但能治愈自己的不良情绪，还能马上化解别人的敌对情绪。如果你真诚地向一个人展颜微笑，他就会对你产生好感，这种好感足以使你充满自信。正如一首诗所说："微笑是疲倦者的暖床，沮丧者的白天，悲伤者的阳光，大自然的最佳营养。"

更重要的是，微笑能让人感到快乐。任何人都在追寻着快乐，而快乐也绝不会对追寻它的人吝啬。

即使是不相识的人，一个微笑也能使人们相互之间感到温暖。

11. 积极思考。

还是前面举过的例子。有位秀才，第三次进京赶考，住在一个经常住的店里。考试的前两天，他做了三个梦，第一个梦是梦到自己在墙上种白菜，第二个梦是下雨天他戴了斗笠还打伞，第三个梦是梦到跟心爱的表妹躺在一起，但是背靠着背。这三个梦似乎有些深意，秀才第二天就赶紧去找算命的解梦。算命的一听，连拍大腿说："你还是回家吧。你想想，高墙上种菜不是白费劲吗？戴斗笠打雨伞不是多此一举吗？跟表妹躺在一张床上了，却背靠背，不是没戏吗？"秀才一听，心灰意冷，回店收拾包袱准备回家。店老板非常奇怪，问："不是明天要考试吗，你怎么今天就回乡了？"秀才将算命的对他说的话对店老板说了一遍，店老板乐了："哟，我也会解梦的。我倒觉得，你这次一定要留下来。你想想，墙上种菜不是高种吗？戴斗笠还打伞不是说明你这次有备无患吗？跟你表妹背靠背躺在床上，不是说明你翻身的时候就要到了吗？"秀才一听，觉得更有道理，于是精神振奋地参加考试，居然中了个探花。

可见，事物本身并不影响人，人们只受到自己对事物看法的影响。人必须改变被动的思维习惯，养成积极的思维习惯。

怎样才算养成积极的思维习惯呢？当你在实现目标的过程中，面对具体的工作和任务时，大脑里去掉了"不可能"三个字，而代之以"我怎样才能"时，可以说你就养成了积极的思维习惯了。

12. 不断学习。

一个人成功的欲望再强烈，也会被不利于成功的习惯撕碎，融入平庸的日常生活中。所以说，思想决定行为，行为形成习惯，习惯决定性格，性格决定命运。你要想成功，就一定要养成高效率的学习习惯。

确定自己习惯是否有效率，是否有利于成功，你可以用以下这个标准来检验：在检省自己的时候，你是否为未完成学习任务而感到忧虑，即是否有焦灼感。如果你应该做的事情没有做，或者做了而并未做完，并经常为此而感到焦灼，那就证明你需要改变学习习惯，找到并养成一种适合自己的高效率的学习习惯。

13. 计划。

计划习惯，就等于计划成功。

有个名叫约翰·戈达德的美国人，他在 15 岁的时候，就把自己一生要做的事情列了一份清单，被称作"生命清单"。在这份排列有序的清单中，他给自己制订了所要攻克的 127 个具体目标。比如，探索尼罗河，攀登喜马拉雅山，读完莎士比亚的著作，写一本书等。44 年后，他以超人的毅力和非凡的勇气，在与命运的艰苦抗争中，终于按计划，一步一步地实现了 106 个目标，成为一名卓有成就的电影制片人、作家和演说家。

中国有句老话："吃不穷，喝不穷，没有计划就受穷。"尽量按照自己的目标，有计划地做事，这样可以提高学习效率，快速实现目标。

14. 脚踏实地。

如果你不喜欢现在的工作，要么辞职不干，要么就闭嘴不言。初出茅庐，往往眼高手低，心高气傲，大事做不了，小事不愿做。不要养成挑三拣四的习惯，不要雨天烦打伞，不带伞又怕淋雨，处处表现出不满的情绪。记住，要脚踏实地地工作，不做则已，要做就要做好。

好习惯是成功所必备的。好习惯会使成功不期而至，坏习惯使成功寸步难行。与建立好习惯相应的，是克服不良习惯。不破不立，不改掉不良习惯，好习惯是难以建立起来的。

古希腊的佛里吉亚国王戈尔迪，以非常奇妙的方法，将战车的轭用一串结系在马车辕上。宙斯预言：谁能打开这个结，谁就可以征服亚洲。一直到公元前334年，还没有一个人能将绳结打开。这时，亚历山大率军入侵小亚细亚，他来到戈尔迪绳结前，不加考虑地挥剑砍断了它。后来，他果然一举占领了比希腊大50倍的波斯帝国。

一个孩子在山里割草，不小心被毒蛇咬伤了脚。孩子疼痛难忍，而医院在远处的小镇上。孩子毫不犹豫地用镰刀割断受伤的脚趾，然后忍着剧痛艰难地走到医院。虽然缺少了一根脚趾，但这个孩子以短暂的疼痛保住了自己的生命。

改掉坏习惯，就应该有亚历山大的气概，就应该有那个小孩的果断和勇敢，彻底改掉坏习惯，让好习惯引领自己走向成功。

以下这9大恶习是你必须戒除的。

1. 经常性迟到。

你上班经常迟到吗？迟到是造成领导、同事反感的种子，它传达出这样的信息：你是一个只考虑自己，无责任心，缺乏合作精神的人。

2. 拖延。

虽然你最终完成了工作，但拖后腿使你显得不能胜任。为什么会产生延误呢？如果是因为缺少兴趣，你就应该考虑一下；如果是因为过度追求尽善尽美，这毫无疑问会增大你在工作中的延误概率。

社会心理学专家说：很多爱拖延的人都很害怕冒险和出错。对失败的恐惧，使他们对工作无从下手。

3. 怨天尤人。

这几乎是所有失败者身上共同的标签。一个想要成功的人，在遇到挫折时，应该冷静地对待自己所面临的问题，分析失败的原因，进而找到解决问题的突破口。

4. 一味取悦他人。

不应该做"好好先生"，这样做，虽然暂时取悦了少数人，却会失去多数人的支持。

5. 传播流言。

每个人都可能会被别人评论，也会去评论他人，但如果你津津乐道的是关于某人的流言蜚语，这种议论最好停止。世上没有不透风的墙，你今天传播的流言，早晚会被当事人知道，又何必去搬石头砸自己的脚？所以，流言止于智者。

6. 对他人求全责备、尖酸刻薄。

每个人在工作中都可能有失误。当同事工作中出现问题时，应该协助他去解决问题，而不应该一味求全责备。

7. 出尔反尔。

已经确定下来的事情，却经常做变更。已做出的承诺，如果无法兑现，会在大家面前失去信用。

8. 傲慢无礼。

这样做，并不能显得你高人一等，相反会引起别人的反感。因为，任何人都不会容忍别人瞧不起自己。傲慢无礼的人难以交到好的朋友。人脉就是财脉，年轻时养成这种习惯的人，到后来很难取得成功。

9. 随大流。

人们可以随大流，但不可以无主见。如果你习惯性地随大流，那你就有可能形成思维定式，没有自己的主见；或者即便有自己的主见，也不敢表达出来。没有主见的人，是不会成功的。

人的习惯很容易养成，而且一旦形成习惯，便很难改掉。好的习惯成就好的未来。在生命的路途中，每个人都会遇到各种各样的困难，有些人徘徊于岔路口，饱受干扰，停在原地，不知所措。而那些具有良好习惯的人，在困难面前从容不迫，应付自如，所以他们脱颖而出。英国著名哲学家培根曾说过："习惯真是一种顽强而巨大的力量，它可以主宰人生。"亚里士多德说："人的行为总是一再重复。因此，卓越不是单一的举动，而是习惯。"是的，没有人天生就拥有超人的智慧，成功的捷径恰恰在于貌似不起眼的良好习惯。

人生最昂贵的代价就是都在等待明天，但明天永远不会到来。因为"明天"来的时候已经是今天，只有今天才是生命中最重要的一天，只有今天才是我们生命中唯一可以把握的一天，只有今天才是我们唯一用来超越对手，超越自己的绝佳时机。不要把希望寄托在明天，希望永远在今天。